KB159147

누구나 재배할 수 있는 텃밭채소

상추

국립원예특작과학원 著

21세기사

상추

LETTUCE

Contents

C o n t e n t s

6

상추

일반 현황

01 원산지 및 내력

린드크비스트(Lindqvist)는 상추(*Lactuca sativa* L)의 기원에 대해 세 가지 설을 주장했다. 첫째로 L. *sativa*의 야생 형태, 둘째는 근연종(近緣種)인 L. *serriola*로 부터의 진화, 셋째는 이 두 종의 교배에 의한 잡종으로부터 상추가 유래되었다고 주장했다. L. *sativa*의 야생 형태의 상추는 사람들에게 식용으로 변천되어 지중해 동부 아마도 이집트 지역인 티그리스-유프라테스 강 유역에서 식용으로 이용되기 시작했다. 기원전 약 2500년경 고대 이집트 중세 왕궁의 채색된 무덤의 시대로 돌아가 보면, 일부 학자들이 상추로 추정되는 몇 가지의 식물을 보여주고 있다.

식물들은 줄기상추와 아스파라거스 상추와 매우 비슷한 것으로 추정된다. 길고 두꺼운 줄기와 좁다란 잎으로 되어 있는 모습을 볼 수 있다. 현재 줄기상추 (stem lettuce)는 두꺼운 줄기를 가지고 있으며, 재배 변종이 넓게 분포되어 있다. 이집트 이외의 지역을 살펴보면 BC 약 550년경의 페르시아 왕들의 상추에 관한 기록을 표에서 언급하고 있다(Sturevant, in Hedrick, 1972). 그리스에서는 BC 430년경 히포크라테스가 상추에 대해 언급했다고 한다. 로마에서도 기원 후 AD 42년 콜루멜라(Columella)가 몇 종류의 상추에 대해 이야기했고, 5세기경 중국에서도 언급한 장면이 나온다. 약 1340년에 쓴 '캔터베리 이야기(Canterbury Tales)'에서 초서(Chaucer)는 사람들에게 다음과 같이 말하는 장면이 나온다. "그는 마늘과 양파 그리고 상추를 아주 좋아한다(well loved he garlic, onion and lettuce)." 그 후 1494년 콜럼버스의 두 번째 항해에서 이사벨라(Isabela) 섬에 전래되었다.

지중해 유역은 코스(Cos)형이 유명하며, 이것은 줄기상추와 아주 유사해서 줄기상추에서 발달되었을 것으로 추정하고 있다. 코스형 상추는 많은 변이종이 있다. 외형적 특성은 길거나 짧은 잎, 평평하고 곧게 뻗어 있는 것, 결구형과 반결구형, 붉은색과 녹색 등으로 구분된다. 잎상추(Leaf), 버터헤드(Butter head), 결구상추와 라틴(Crisp Head and Latin)형들은 모두 다양한 변이종으로 알려진 것들이다. 널리 퍼져 있는 결구상추(Crisp head)는 바타비아형(batavia type)에서 유래된 것인지도 모른다(Bohn and Whitaker, 1951).

최근까지 유럽에서는 두 종류의 상추가 가장 많이 재배되고 있다. 북유럽에서는 가장 많이 재배되고 있는 버터헤드상추는 코스형상추보다 훨씬 더 균일하고 다양한 형태의 잎을 가지고 있다. 다만 겨울철에 재배되는 온실용은 여름철 재배종과 비교해볼 때 작고 빈약하다. 1970년도 말에 이형이 재배되었는데, 점차적으로 변화하기 시작했고 그 결과 현저하게 아이스버그(Iceberg)형인 결구상추가 증가했다. 영국과 스칸디나비아에서는 결구상추가 아주 중요하게 재배 및 소비되며, 스페인과 독일에서도 재배 면적이 증가했다. 반면에 프랑스와 이탈리아에서는 많이 재배되지 않는다.

지중해 지역에서는 코스형 상추가 가장 일반적으로 재배되고 있고 변종 계통은 주걱 모양의 잎을 하고 있으며 다양한 종류의 잎 치수, 직립, 녹색, 적색, 안토시아닌 등을 갖고 있다.

미국은 20세기 초에 상추를 도입했고, 당시 21개의 품종 사이에서 버터헤드가 가장 인기 있다. 1955년까지 미국 상추의 95% 이상이 결구상추(Crisp head)형이었다. 현재 저온 냉장차의 수송 능력은 코스(Cos), 잎(Leaf), 버터헤드(Butter head)를 수송할 때의 손실을 막을 수 있다. 상추는 보통 미국 동부에 비해 서부에서 많이 재배되고 있다. 이는 수리시설이 잘 되어 있고 10~12일 동안 저장과 수송 시설이 가능해져 단 4일이면 미국 대륙을 횡단할 수 있게 되었기 때문이다. 요즈음은 결구상추(Crisp head) 이외에 다른 형(잎상추, 버터헤드 등)이 미국 총 생산량의 25~30%를 점하고 있다.

중국에는 6세기 이후 페르시아에서 인도 서북부를 거쳐 전파되었다고 한다. 주로 줄기상추가 재배되고 있으며, 줄기와 잎을 이용한다.

우리나라와 가까운 일본은 1863년 미국으로부터 결구상추를 도입해 당시에는 요리에 섞어 이용했다고 한다. 일본의 상추 생산량은 매년 2~7% 증가하고 있으며, 상추의 주산지인 나가노(長野)현이 전국 생산의 약 60%를 생산하고 있다. 최근에는 수입도 많이 하고 있고 주 수입국은 미국이다. 먹는 방법은 생식이 일반적이며, 샐러드용으로 사용되고 고기를 싸먹거나 김밥에도 소량 소비되고 있다.

우리나라에는 고대 6~7세기에 인도, 티베트, 몽골, 중국을 통해 도입된 매우 오랜 역사를 가진 작물로 알려져 있다. 상추의 순우리말은 '부루'이다. 우리나라 속담에 '가을상추는 문 닫고 먹는다'는 말이 있으며, 여러 문헌에도 상추가 인용되었다.

'색경'에 상추의 순우리말인 '부루'가 나와 있다

02 재배 및 생산 현황

우리나라의 상추는 잎상추(청치마, 청축면, 적축면, 적치마)가 주를 이루어 2011년 현재 4,691ha에서 11만 6,000톤이 생산되고 있고, 결구상추는 732ha에서 2만 5,000톤을 생산하고 있다. 특히 상추는 전체 쌈 채소 중 가장 많은 점유율을 차지하고 있다. 특징적인 것은 미국과 일본은 결구상추가, 유럽은 버터헤드인 결구형상추가 주류를 이루는 것에 비해 우리나라는 잎상추가 주를 이루고 있다. 이는 전통적으로 채소류를 고기와 싸서 먹는 쌈 문화와 무관하지 않다. 상추는 도시 근교인 특히 경기도 하남, 성남 일원을 중심으로 한 비가림 하우스에서 연중 생산되고 있다. 주년 재배가 일반화되어 있으며, 시설 재배 비율은 잎상추가 76.4%, 결구상추가 48%를 차지하고 있다. 요즈음 친환경 재배를 통한 안전한 먹거리로서의 역할을 하고 있는 것이다. 참살이(well-being) 시대를 맞아 쌈 채소와 새싹 채소의 비중이 날로 증가하면서 상추의 중요성은 무시할 수 없게 되고 이로써 연중 생산·공급되고 있다. 잎상추는 연작에 따른 생리 장해와 고온기 추대, 적색 발현의 불안정, 수확 노력이 많이 드는 문제점들이 있고, 결구상추는 고온기 재배 시 추대 및 부패병(균핵 및 무름병)이 많이 발생해 특히 여름철 고온기 7~9월에 안정 생산이 어려운 면도 있다.

〈표 1-1〉 상추 재배 면적 및 수급 현황

구분		'80	'85	'90	'95	'01	'08	'09	'10	'11
재배 면적(천ha)		4.9	4.9	4.9	8.3	6.9	4.8	5.3	5.2	4.7
공급	생산량(천 톤)	77.1	84.8	88.6	170.8	182.5	138.1	146.1	141.2	116.8
	수입량	-	-	-	-	0.16	1.3	0.8	1.1	7.3

구분		'80	'85	'90	'95	'01	'08	'09	'10	'11
수요	소비량(천 톤)	77.1	84.8	88.6	170.8	182.5	138.1	146.1	141.2	116.8
	수출량	–	–	–	–	0.09	0.04	0.19	0.09	0.1
자급률(%)		100	100	100	100	100	100	100	100	100
1인당 소비(kg/년)		2.0	2.1	2.1	3.8	3.5	3.2	3.2	2.9	2.3
생산액(억 원)		–	–	457	1,325	2,180	1,158	1,731	2,562	1,624

※ 자료: 농수산물유통공사(www.kati.net), 2011년 인구 : 50,734천 명(통계청), 2011년 생산액 통계청 생산액지수 (http://kosis.kr)

〈표 1-2〉 쌈 채소 생산량   단위 : ha

구분	2000	2001	2002	2003	2004	2005	비율(%)
상추	7,685	6,914	6,788	6,994	6,791	5,610	48
쑥갓	397	789	821	789	661	922	7.9
결구상추	861	673	956	1,297	747	878	7.5
셀러리	50	78	77	76	76	83	0.7
적채	170	245	204	273	358	285	2.4
파슬리	45	55	70	72	68	67	0.6
브로콜리			508	598	669	1,327	11.3
양상추			88	199	493	828	7.1
쌈추			18	18	18	756	6.5
쌈배추			18	18	440	276	2.4
청경채			18	18	18	174	1.5
치커리			210	254	229	160	1.4
케일			195	254	281	145	1.2
신선초			538	761	53	29	0.2
로메인			10	18	20	29	0.2
래디쉬			12	14	14	15	0.1
쌈케일			10	12	13	15	0.1
청정쌈			55	72	106	87	0.7
계	9,208		15,584	11,738	11,053	11,682	100

※ 자료 : 새싹·쌈 채소 생산·유통 실태 및 육성방안(2006, 한국농촌경제연구원)

〈표 1-3〉 작형별 출하 시기

작형	파종기	정식기	수확기	성출하기
봄 재배	1상~2중	2상~3중	4상~5중	4중~5중
고랭지 재배	4상~7중	5상~6중	7상~10중	8중~9중
가을 재배	8상~9중	9상~11중	12상~3중	1중~3중
겨울 재배	10상~12중	11상~1중	1상~3중	2상

※ 자료 : 주요 작목 영농순기표(2007, 농촌진흥청)

03 주산지

국내 주요 재배 주산지를 살펴보면 노지상추는 전국적으로 평창군, 대구 북구, 횡성군, 기장군에서 많이 생산되며, 시설상추는 주로 대도시 근교인 남양주시, 부산 강서구, 경기도 광주시, 용인시, 이천시, 고양시, 논산시, 하남시, 대구 북구, 충주시 등에서 많이 생산되고 있다. 이 중에서도 특히 남양주시와 하남시에서 가장 많이 생산되고 있다. 잎상추는 경기도 광주시, 하남시, 남양주시, 양평군, 부산광역시, 광주광역시 등 대도시 근교이며, 결구상추는 강원, 전남, 경남, 제주 등 전국에서 생산되고 있다.

〈표 1-4〉 10대 시·군의 농가 수 및 재배 면적(노지상추)

시·군	농가 수(호)	재배 면적(ha)	시·군	농가 수(호)	재배 면적(ha)
전국	16,392	931	-	-	-
평창군	127	91	충주시	43	26
대구 북구	130	71	광주시	97	19
횡성군	77	49	부산 강서구	219	17
금정구	154	46	영양군	12	16
기장군	331	30	남원시	114	15

자료 : 원예작물 주산지 통계(2007, 원예연구소)

〈표 1-5〉 10대 시·군의 농가수 및 재배 면적(시설상추)

시·군	규모별 농가 수(호)								재배 면적 (ha)
	계(가구)	0.1ha 미만	0.1~0.3	0.3~0.5	0.5~0.7	0.7~1.0	1.0~2.0	2.0 이상	
전국	14,235	9,058	2,037	1,139	660	479	563	299	3,883
남양주시	493	81	99	79	68	61	72	33	391
부산 강서구	286	58	33	28	45	23	49	50	320
광주시	197	72	31	19	14	6	13	42	288
용인시	171	38	7	11	12	23	49	31	205
이천시	126	22	10	9	13	15	26	31	197
고양시	126	162	47	54	44	26	40	8	171
논산시	381	129	129	69	30	17	22	6	138
하남시	402	24	29	40	32	32	26	7	136
대구 북구	190	31	62	54	26	22	22	8	132
충주시	393	262	34	19	18	24	24	12	129

자료 : 원예작물 주산지 통계(2007, 원예연구소)

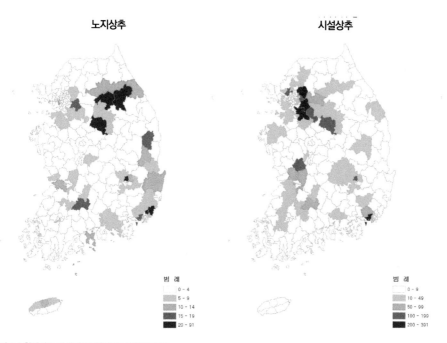

자료 : 원예작물 주산지 통계(2007, 원예연구소)

(그림 1-1) 노지상추와 시설상추의 국내 주요 재배 주산지

04 수출입 동향

미국, 일본으로부터 매년 결구상추가 샐러드 및 햄버거용으로 수입되고 있고, 종자의 채종은 중국, 미국, 호주 등 해외 채종을 하고 있다. 세계 최대 농산물 수입국인 일본과는 가까운 지리적 이점을 이용한 수출 확대도 모색해볼 수 있다.

〈표 1-6〉 상추 수출입 동향

구분	연도	2009년		2011년		2012년	
		중량(kg)	금액(USD)	중량(kg)	금액(USD)	중량(kg)	금액(USD)
결구상추	수출	199,246	200,998	2,176	8,387	63	421
	수입	1,586,641	1,170,408	5,584,308	4,604,911	8,468,779	8,212,922
잎상추	수출	196,131	297,040	107,416	266,814	55,485	238,182
	수입	821,084	686,918	2,787,045	2,772,444	6,262,064	5,907,603

※ 2010 농수산물 무역정보(http://www.kati.net)

05 식품적 가치 및 기능성

상추는 채소 샐러드에서 가장 기본이 되는 재료로서 전 세계인이 즐겨먹는 채소 중 하나이다. 우리의 전통적인 식탁에서도 상추의 식품적 가치를 결코 소홀히 취급한 적이 없었다. 우리나라에서는 상추를 쌈으로 이용하는 것이 대부분이다. 본디 상추쌈은 쑥갓이나 풋고추를 된장과 함께 밥을 싸서 먹는 것이었는데, 언제부턴가 육류나 생선회를 마늘이나 풋고추를 곁들여 쌈장을 얹어서 먹는 것이 일반화되면서 소비가 크게 늘었다. 상추는 우리 식탁에 가장 친숙하며, 샐러드나 쌈 재료로서 맛에서나 영양적인 면에서도 으뜸이다.

상추는 신선한 상태로 먹는 것이 가장 좋다. 따라서 상추를 이용한 요리는 최소한의 가공을 해야만 제 맛을 느낄 수 있고 고유의 풍미를 즐길 수 있다.

상추는 오래전부터 샐러드의 재료로서 가장 중요한 위치를 차지해왔다. 히브리인은 드레싱 없이 소금만 뿌려서 먹었다고 한다. 반면 그리스인은 꿀과 기름을 넣었으며, 로마인은 상추에 삶은 달걀과 향신료를 넣어 현재의 샐러드와 비슷한 형태로 먹었다. 샐러드는 식사의 첫 코스였다. 당시에는 음식이 무겁고 엄청난 양이 상에 차려졌으므로 샐러드는 식전에 입맛을 돋우는 역할을 하는 호사스러운 음식으로 간주되었다.

상추의 93%는 수분이다. 이외에 단백질, 당질, 칼슘, 인, 나트륨, 칼륨 등 무기염류와 비타민류가 풍부하다.

〈표 1-7〉 상추 식품분석표(가식부 100g당, 2006, 농촌자원개발연구소)

구분	에너지 (kcal)	수분 (%)	단백질 (g)	지질 (g)	당질 (g)	섬유소 (g)	회분 (g)	칼슘 (mg)	인 (mg)	철 (mg)	나트륨 (mg)	칼륨 (mg)	비타민 A (R.E)	레티놀 (μg)	베타 카로텐 (μg)	비타민 B₁ (mg)	비타민 B₂ (mg)	나이아신 (mg)	비타민 C (mg)
결구상추	9	96.3	0.8	0.2	1.6	0.7	0.5	35	17	1.5	4.9	316	0.7	0	544	0.1	0.1	0.3	8.0
로메인	14.5	94.5	1.3	0.4	2.5	0.7	0.8	36	23	1.1	4.0	351	71	0	425	0.1	0.1	0.4	9.5
잎상추	13.9	94.4	1.3	0.3	2.3	0.9	0.8	43	22	1.2	3.8	395	77	0	462	0.1	0.1	0.5	8.9

(결구상추 : 3품종의 평균, 로메인 2품종의 평균, 잎상추 5품종의 평균)

상추의 줄기나 잎의 상처에서는 하얀 유액이 나오는데 그것은 라텍스(latex)의 일종으로 씁쌀한 맛을 내는 주성분이다. 상추의 씁쌀한 맛은 BSL(bitter sesquiterpene lactones)류인 락투신(lactucin), 락투코피크린(lactucopicrin), 8 데옥시락 투신(8-deoxylactucin) 등 유용 성분 때문으로 이들은 상추 특유의 씁쌀한 맛을 내면서 생리 활성 작용을 하고 위궤양, 발열, 최면, 정신안정, 진통 억제 효과가 있으며 불면증에 좋다고 알려져 있다. BSL은 이소프렌(isoprene) 분자가 2개 이상 중합되어 이루어진 테르펜(terpenoid)류의 일종이고 강력한 항암 활성을 나타내는 텍솔(taxol), 인삼의 주성분인 사포닌(saponin)도 테르펜류 화합물이다.

현대의학의 창시자인 히포크라테스는 기원전 4세기 인물로 당시 외과수술을 시술할 때 환자에게 상추를 먹이고 수술을 행했다는 고증으로 미루어 볼 때, 상추 속에는 히포크라테스도 인정할 만한 최면이나 진통을 억제하는 성분이 있는 것이다. 이후 기원전 1세기경, 고대 로마 시대에 카이사르의 독재정부가 망하고 초대 황제에 옥타비아누스가 즉위했다. 그는 황제에 즉위한 이후 효율적인 정치를 펼쳐 그리스·로마에 지속적인 평화와 번영을 가져다주어 원로원으로부터 존엄자라는 뜻을 지닌 아우구스투스라는 칭호를 얻었다. 아우구스투스 황제는 재임 기간 중 크게 앓아누워 죽을 지경에 이르렀다. 이때 그는 상추를 먹고 건강을 회복했고 상추를 높이 평가해 상추 동상을 만들고 제단을 쌓았다고 한다.

이러한 상추의 기능적 효능은 예부터 지금까지 끊임없이 이어져 오고 있으며 지금도 정신안정, 진통 억제, 최면 효과 등이 재조명되고 있다.

한방에서는 상추가 오장을 이롭게 하고 가슴을 시원하게 하며 기(氣)와 근육, 뼈를 강화하는 데 좋다고 한다. 입 냄새를 없앨 뿐 아니라 이를 희게 하는 미백 효과가 있어서 말린 상추 잎으로 이를 닦으면 이를 하얗게 유지할 수 있다. 이뇨와 해독 작용에도 탁월하고, 산모의 젖이 잘 나오게 하는 데 효험이 있다. 민간요법으로 잘 알려져 있는 상추의 효능은 다음과 같다.

- 저혈압 : 상추에는 철분이 많이 함유되어 있어서 된장이나 다른 양념을 이용해서 상추쌈을 자주 먹으면 저혈압에 좋다.
- 편도선 : 상추의 뿌리를 질 냄비에 넣고 검게 굽는다. 이것을 가루로 만들어 먹는다.
- 치아를 희게 할 때 : 잎과 뿌리를 말려 곱게 가루로 만들어 아침, 저녁으로 이를 닦을 때 치약과 함께 사용한다.
- 눈 충혈 : 상추 잎의 즙을 짜서 매일 한 잔씩 3회 복용한다.
- 소변 불통, 혈뇨, 자궁 출혈 : 상추 한줌과 파 한줌을 함께 찧은 뒤 불에 구워서 배꼽 위쪽에 붙인다.
- 젖을 많이 돌게 하는 법 : 상추를 술에 삶아 마시거나 줄기와 잎을 끓인 물을 자주 마신다.

상추의 쌉쌀한 맛을 내는 BSL(Bitter Sesquiterpene Lactones)은 최면, 진통 억제에 효과가 있는 것으로 알려져 있다. 실제로 BSL이 미량 함유되어 있는 상추를 섭취했을 때 인체에 나타나는 반응은 최면이나 진통 억제 효과보다는 정신 안정에 효과가 있으나 직접적인 수면 유도 효과는 미미하다.
현재 시판 중인 주요 상추 21개 품종의 BSL 함량을 5등급으로 나누어 설정하고 등급별로 예상 소비층을 분류해보았다.

〈표 1-8〉 상추 주요 품종별 BSL 등급과 소비층　　(2003, 경기도농업기술원 시험연구보고서)

BSL 등급		상추 품종	소비층
구분	함량 (µg/100g)		
극강	1,000 이상	불꽃축면, 롤라로사	노인용 장년층용
강	500~1,000	하지청축면, 선풍포찹적축면, 오크립	
중	300~500	연산홍적축면	장년층용
약	100~300	강한청치마, 청하청치마, 한밭청치마, 대통여름적축면, 태풍여름적축면, 월하적축면, 정통포기적축면, 오페라 적축면, 먹치마, 뚝섬청축면, 명품토종적축면, 적치마, 시저스레드, 시저스그린, 맛치마	청소년용 유아용
미약	100 이하		유아용

한편 상추의 재배 환경에서 봄철에 재배한 맛치마상추를 지하부 근권의 토양 수분을 조절하면 상추의 쓴맛을 조절할 수 있다. 토양 수분을 재배 기간 내내 -20kPa 이하로 관리하면 '약' 등급의 상추를 수확할 수 있고, -33kPa 이상으로 건조하게 관리하면 쓴맛이 강해져서 BSL 등급이 '중'이 되는 상추를 수확할 수 있다. 여름철 고온기에 태풍여름적축면상추를 차광 재배하면 차광 정도에 따라 BSL 함량이 변화하는데 75% 흑색차광망으로 피복 재배하면 상추 내의 BSL 함량은 쓴맛이 미약한 '미약' 등급 상추를 생산할 수 있고, 35~55% 차광을 해 재배하면 '약' 등급의 상추를 생산할 수 있으며, 무차광으로 재배하면 '중' 등급의 상추를 생산할 수 있다. 그러나 상추 재배 방법에서 같은 품종, 맛치마상추를 같은 시기에 토양 재배, 배지경 수경 재배 및 담액 수경 재배를 해 BSL 함량을 비교해보면 별 차이가 없는 것을 발견할 수 있다.

〈표 1-9〉 토양 수분 정도에 따른 맛치마상추의 BSL 함량　　(2002, 경기도농업기술원 시험연구보고서)

토양 수분 관리	Bitter Sesquiterpene Lactones 함량(µg/100g)			
	Lactucin	8-Deoxylactucin	Lactucopicrin	계
-20kPa 이하	116.2	43.7	56.0	215.9
-33kPa 이하	172.0	55.7	84.0	311.7
-50kPa 이하	198.2	54.7	117.2	370.1
-75kPa 이하	204.2	87.3	117.2	408.5

〈표 1-10〉 여름철 수경 재배 상추의 차광 정도에 따른 BSL 함량 (2001, 서명훈)

구분	Bitter Sesquiterpene Lactones 함량(μg/100g)			
	Lactucin	8-Deoxylactucin	Lactucopicrin	계
대조구	25.4	45.9	118.4	189.7
35% 흑색차광망	9.4	12.4	58.4	80.2
55% 흑색차광망	5.4	18.3	73.3	97
75% 흑색차광망	2.7	6.3	43.0	52

〈표 1-11〉 상추 재배 방법별 BSL 함량 (2003, 경기도농업기술원 시험연구보고서)

처리	Bitter Sesquiterpene Lactones 함량(μg/100g)			
	Lactucin	8-Deoxylactucin	Lactucopicrin	계
배지경 수경 재배	21.9	12.4	112.8	147.1
담액 수경 재배	26.7	27.8	79.4	133.9
토양 재배	38.3	12.3	91.5	142.1

우리가 먹는 상추는 녹색과 적색 두 가지 색깔로 구별된다. 일반적으로 소비자의 기호도는 청상추보다 적상추가 더 높다. 청상추는 맛이 싱거운 데 비해 적상추는 상추 고유의 쌉쌀한 맛과 풍미가 더 있기 때문이다. 상추 색깔별 BSL 함량은 청상추보다 적상추가 더 높은데, BSL 함량은 상추 고유의 풍미에 영향을 미친다.

〈표 1-12〉 상추 색깔과 BSL 함량 (2001, 서명훈)

상추 색상	Bitter Sesquiterpene Lactones 함량(μg/100g)			
	Lactucin	8-Deoxylactucin	Lactucopicrin	계
청상추	39.8	60.4	145.6	245.8
적상추	69.5	98.8	213.6	381.9

상추의 맛과 풍미는 생육 시기에 따라 달라지는데 생육 초기에 수확한 상추와 중기에 수확한 것, 생육 후기에 장다리가 올라갈 때 수확한 상추의 맛을 비교해보면 생육이 진전될수록 상추 맛은 더 쌉쌀해지고 BSL 함량이 높아진다.

〈표 1-13〉 상추 식물체 부위별 BSL 함량 (2001, 서명훈)

구분	Bitter Sesquiterpene Lactones 함량(μg/100g)			
	Lactucin	8-Deoxylactucin	Lactucopicrin	계
하위엽(20절 이하)	58.6	16.8	120.6	196.0
중위엽(21~40절)	101.1	135.5	237.9	474.5
상위 화경소엽(41~60절)	294.8	366.2	1154.6	1815.6

06 상추와 관련된 속담

'가을상추는 문 걸어 잠그고 먹는다'는 속담은 사철 먹을 수 있는 상추의 고유한 맛을 가장 즐길 수 있는 계절이 가을이라는 뜻이다.

상추는 호냉성 채소로서 서늘한 가을철에 이슬을 먹고 자란 것이 맛이 있다. 상추 밭에 똥을 누다 들킨 개는 얼씬만 해도 '저 개'하며 쫓아낸다는 뜻으로, '상추 밭에 똥 싼 개는 저 개 저 개 한다'는 속담도 있다. 이 속담은 한 번 잘못을 저지르다 사람들의 눈에 띄면 늘 의심을 받게 된다는 뜻이다. 또 상추쌈에 고추장이 반드시 필요하다는 속담으로 '상추쌈에 고추장이 빠질까'라는 말도 있다. 이 속담은 사물이 서로 긴밀하게 관련되어 있어 항상 붙어 다니는 경우에 쓰인다. 상추쌈을 할 때 입을 크게 벌리고 상추쌈을 먹게 되면 자연스레 눈을 크게 뜨고 부라리게 되는데 이것에 비유해 '눈칫밥 먹는 주제에 상추쌈까지 싸 먹는다'는 속담이 있는데, 이는 눈치 없음을 이르는 말이다.

쌈이라는 음식은 양반이 먹기에 품위가 없어 보였던지 예절 책에 '상추쌈 품위 있게 먹는 법'까지 나왔다. 이덕무의 '사소절(士小節) 사전(士典)'을 보면 상추를 싸먹을 때 직접 손으로 싸서는 안 된다고 쓰여 있다. 먼저 수저로 밥을 떠 밥그릇 위에 가로놓고 젓가락으로 상추 두세 잎을 들어 밥을 싼 후 입에 넣고 나서 된장을 떠먹는다고 상추쌈에 대한 예절을 소개하고 있다.

07 상추의 발전 방향과 전망

상추는 우리와 가장 가까운 채소 중 하나로 우리나라 고유의 쌈 문화와 함께 식문화에 있어 중요한 채소로 자리 잡고 있다. 앞으로도 다양한 상추 품종이 발전함으로써 우리 식탁에 중요한 쌈 채소로서 자리매김할 것이다. 우리나라의 여러 쌈 채소(상추, 쑥갓, 셀러리, 적채, 파슬리, 브로콜리, 양상추, 쌈추, 청경채, 치커리, 케일, 신선초, 로메인, 래디쉬, 쌈케일, 청정쌈 등) 중에서 상추는 쌈 채소를 대표하는 채소로 50% 이상의 생산액을 점유하고 있다(1,500억 원/2,900억 원, 2006, 한국농촌경제연구원). 최근 2011년에는 신선 잎채소 중 배추 다음으로 많은 재배 면적(4.6천ha)과 생산량(11.6만 톤)을 보이고 있고 생산액은 1,624억 원에 이르고 있다. 일반 소비자들의 소비패턴이 고품질과 안전한 농산물에 대한 높은 관심을 갖고 있는 경향에 따라 소비자와 생산자 모두가 만족하는 재배 및 생산, 유통 관리가 필요한 시점이다. 2007년도에는 미국과 자유무역협정(FTA, Free Trade Agreement)이 타결됨으로써 신선 채소류 시장에 그 영향이 있으리라 판단된다. 그러나 역으로 생각하면 우리의 상추도 미국에 수출할 가능성이 높아졌다고 할 수 있고, 해에 따라 불규칙하게 소규모로 수출하던 것을 지속적으로 수출할 수 있는 계기가 될 수 있다고도 볼 수 있다. 이를 위해 정부 기관, 대학, 관련 유관 기관 및 농민들이 혼연일체가 되어 협력체계를 구축해야 한다.

〈표1-14〉 상추 산업 발전을 위한 협력체계 및 기술 수준

정책 및 기술 지원	【농림축산식품부】	【농촌진흥청】

【농림축산식품부】
○ 주년 생산을 위한 지역별 주산단지 조성 지원
○ 생산자단체 활성화 지원
 - 생산물 규격화, 표준화, 유통계열화
○ 주산단지별 기술센터에 천적 사육시설 설립 지원
○ 농산물 수입 관리 강화

→ ←

【농촌진흥청】
○ 벼 대체작물로 상추 논 재배 시범작목에 포함
○ 친환경 재배 기반 구축
 - 천적 농가현장시험 확대
 - 맞춤형 시비기술 지원
 - GAP 재배기술 지원
○ 생리장해 경감기술 개발
 - 연작장해 방지

↑ ↓

생산 및 산업 현장

【생산 현장】
○ 장마기 병 방지대책 수립
 - 균핵병, 노균병 등
○ 연작장해 방지대책 수립
 - 유기물 및 유용 농자재 활용
○ 생력 재배기술 도입
 - 정식, 수확, 포장 작업
 - 적극적인 기계화 도입

→ ←

【산업체】
○ 종자 보급 안정화
 - 국내 및 해외 채종
 - 적응성 검정 및 홍보
○ 생력화 기계·자재 개발
○ 친환경 자재 개발
○ 수출 활로 개척
○ 신선편이 제품 생산

↑ ↓

기술 개발

【도기술원】
○ 개발 품종 지역적응 시험
○ 현장 애로기술 개발
○ 고품질, 생력 재배 기술 개발

→ ← → ←

【원예원】
○ 고품질 품종 육성
 - 병 저항성
 - 색택발현안정성
○ GAP 생산 재배 매뉴얼 작성
○ 해외정보 수집 및 전파

→ ← → ←

【대학】
○ 기초 생리장해 및 병 발생 기작 탐색 연구
○ 효율적 육종을 위한 유전공학기술 개발
○ 외국 최신 기술 도입 및 전파

분야	핵심 기술	기술 수준		
		0	50	100
품종 육성	만추대성 품종 육성	→→→→→→→→→→→		
	노균병, 균핵병 저항성 품종 육성	→→→→→→→→→→→		
	최소 가공용 등 용도 및 작형별 품종 육성	→→→→→→→→→		
	연중 안정적 재배 가능 품종 육성	→→→→→→→→→		

분야	핵심 기술	기술 수준		
		0	50	100
재배 기술	저비용 생력화 재배 기술			
	규격화 및 생산성 안정 기술			
	생리장해 경감 및 연작장해 극복 기술 개발			
	GAP 생산기술 정립			
병해충 방제	토양 선충 방제 및 경감 기술 개발			
	세균병 및 곰팡이병 방제 기술 개발			
수확 후 관리	프레쉬컷 기술 개발			
	콜드체인시스템 확립 기술 개발			
	수확 후 유통 기술 개발			

국내 상추의 현 기술 수준은 품종 육성은 65%, 재배 기술 85%, 병해충 방제 70%, 수확 후 기술 55% 수준을 나타내고 있다. 앞으로 보완, 발전시켜 할 부분은 품종 육성, 병해충 방제, 수확 후 기술 분야에 좀 더 많은 노력을 기울여야 한다.

상추 산업의 지속적인 발전과 수요 창출에 대비하기 위해서는 첫째로 지역별 작목반 중심의 단지화를 통한 자생력 확보 및 경쟁력 제고이다. 이를 위해 기존 상추 산업의 내수 기반을 유지하고, 고품질의 친환경 상추 재배 기술을 정착시키며, 상추 생산 및 수확 후 관리와 유통 체계를 확립할 필요가 있다. 둘째로 경쟁력 제고를 위한 친환경 정밀 재배법의 개발인데, 생력화 및 우수농산물관리제도 (GAP, Good Agricultural Practices)의 확대를 통한 생산 기술 개발·보급이 필요하다. 이로 인한 생력화로 생산비 절감 효과도 가져올 수 있다. 또한 천적을 이용한 병해충 방제로 친환경 재배를 통한 안전한 상추 생산을 가능케 할 것이다. 셋째로 유통 산업의 체계적인 지원 확대이다. 안전한 먹거리를 수확해서 식탁 위에 오르기까지 저온 유통체계 구축해 신선채소류, 특히 상추를 안전하게 공급할 수 있어야 한다. 마지막으로 수요에 맞고 고품질의 안정적인 품종 개발이다. 현재 가장 시급한 것은 안전한 상추의 공급으로, 비가림 하우스 재배 시 고온에도 적색 발현이 안정적인 품종을 말하는 것인데 기본적으로 만추대, 내병 복합 저항성, 습해 및 한해 등 내재해 품종 개발에 진력을 다해야 할 것이다.

상추

제2장

생리 생태적 특성과
재배 환경

1. 생리 생태적 특성
2. 재배 환경

01 생리 생태적 특성

생육 특성

상추는 1년생 또는 2년생 초본으로 땅에 맞닿아 있는 줄기에서 잎이 발생해 생육하며, 생육이 진전되면서 결구하는 계통과 결구하지 않은 계통이 있고 줄기가 신장한 후 꽃대가 자라면서 추대한다. 꽃대는 50~150cm에 달하며 꽃대 위쪽으로 올라갈수록 잎이 작아지고 뿌리는 전체 지상부의 6% 무게로 자란다. 직근(直根)의 생장은 최고 1.5m까지 달하지만 일반적으로 25cm 깊이 이내에서 많이 분포한다. 상추의 염색체 수는 2n=18이며 가끔 16도 있다.

형태적 특성

가. 꽃과 종자

담황색의 꽃을 피우며, 여러 꽃잎이 합쳐져서 1개의 꽃잎처럼 된 것으로 국화과의 두상꽃차례에 달리는 작은 꽃이 15~25개 생긴다. 화관은 황색으로 상부는 설상이다. 5개의 수술은 약 부분만 떨어져 있고 아랫부분은 합해져 통 모양을 하고 있다. 암술은 1개이며 자방은 1실, 주두는 2개로 갈라져 있다. 국화과의 전형적인 꽃 모양 형태를 지닌다. 꽃은 자가수정을 하며 타가수정률은 3% 이내이다. 개화 시간은 매우 짧아서 30~120분에 끝난다. 과실은 1개의 종자를 갖고 있으며 종피색은 회백색과 흑색 두 가지를 갖고 있다.

종자는 긴 타원형으로 평평하며 세로로 7~10개의 줄이 있고, 길이는

3.5~4.5mm, 폭은 0.8~1.5mm, 두께는 0.3~0.5mm이다. 종자 1,000개의 무게는 0.8~1.2g이며, 1l의 무게는 440~480g이다.

나. 잎과 줄기, 뿌리

육묘기에 잎은 결각이나 오글거리는 현상이 아주 미미하며 잎자루는 비교적 길게 나타난다. 생육이 진전되면서 잎의 결각이나 오글거리는 현상이 분명하게 나타난다. 잎이 나오는 순서는 시계 방향으로 144° 각도를 유지하며 5분의 2 비율로 분화해 잎이 나온다.

꽃눈이 생기기 전까지 줄기의 굵기는 1~2cm 이내이며 길이는 2~3cm에 불과하다. 화아 분화 후 줄기가 신장하며 고온 장일에서 장다리가 빨리 올라온다.

상추의 뿌리는 매우 가늘며 백색을 띤 뿌리가 건전한 것이다. 상추의 뿌리는 80% 정도가 주로 25cm 이내 표층에 분포하며 땅속 1.5m 깊이까지 내려가 옆으로는 1m까지 확산·분포한다.

02 재배 환경

온도 조건

호냉성인 상추는 냉량한 기후를 좋아한다. 발아와 생육 적온이 15~20℃이며 결구 적온은 이보다 낮은 10~16℃이다. 30℃ 이상의 고온과 5℃ 이하의 저온에서는 발아가 거의 되지 않는다. 상추 생육 과정에서 잎의 분화는 주간 온도보다는 야간 온도의 영향을 많이 받는다. 10~15℃에서 잎의 분화가 가장 활발하며 10℃ 이하이거나 15℃ 이상에서는 잎의 분화가 거의 이루어지지 않거나 잎이 증가하지 않는다. 지상부의 온도는 생육 적온과 같은 15~20℃에서 양호한 생육을 보인다. 꽃눈의 분화는 고온에서 촉진되며 5℃ 이상의 적산온도로 만추대성인 그레이트 레이크(Great Lakes)가 1,700℃에서, 추대성이 중간 정도인 뉴욕(New York) 12호는 1,500℃에서 꽃눈 분화가 된다. 꽃눈이 분화한 후 25℃에서 10일, 20℃에서 20일, 15℃에서 30일가량에 추대되나 15℃ 이하에서는 추대가 크게 지연된다.

광 조건

광 조건은 상추의 생육에 영향을 많이 끼친다. 상추 종자 발아 조건에서 광은 필수적 요인인데, 적색광(660nm)에서 촉진되는 반면에 근적색광(730nm)에서는 오히려 발아가 억제된다. 이때 광을 감응하는 부분은 종피이다. 발아 후 상추의 생육 과정에서 광보상점[1]은 1,500Lux이고 광포화점[2]은 2만 5,000Lux이다. 광의 세기가 약해서 광보상점 쪽에 치우치면 잎이 도장해 엽병이 길어지고 전체적으로 엽신이 길어진다. 이때 온도가 높으면 이 현상은 더욱 심화된다. 결구형상추는 광의 세기가 강한 여름철에는 결구가 늦어지고 광의 세기가 약한 겨울철엔 결구가 빨라진다. 꽃눈 분화 후 꽃대의 신장은 일장이 길어질수록 빨라지고 일장이 짧으면 신장이 억제된다. 상추 잎에서 광합성은 주로 오전에 이루어지는데, 1일 총 광합성 양 중 70~80%가 오전에 일어나며 나머지는 오후에 한다. 여름철 상추 수경 재배에서 흑색차광망으로 차광 정도를 달리했을 때 차광률이 높아질수록 초장과 경장은 길어지는 반면에 전체 수확 엽수는 적어져서 차광을 하지 않은 대조구의 수량이 가장 높았다. 차광률을 높일수록 수량이 적어지는 한편 차광률이 높아질수록 클로로필 함량은 낮아졌다.

〈표 2-1〉 여름철 수경 재배 상추의 차광 조건과 생육

차광 정도 (%)	초장 (cm)	경장 (cm)	엽수 (매)	엽장 (cm)	엽폭 (cm)	클로로필 함량 (SPAD unit)	생체중 (g/주)
대조구	22.1	13.5	16.6	18.0	18.1	21.1	90.2
35	29.4	20.7	14.6	19.5	17.5	17.8	75.7
55	28.6	19.2	14.4	19.8	17.6	19.2	78.2
75	33.6	20.2	10.0	19.1	16.0	18.0	47.4

* 시험품종 : 태풍여름적축면상추/파종 2001년 7월 5일, 정식 7월 23일, 최종 수확 8월 23일/담액수경 재배/차광재료 : 흑색 차광망 (2002, 경기도원)

수분 조건

상추의 씨앗은 물속에서도 발아를 양호하게 하고 물과 비교적 친숙하다. 이처럼 상추는 다습한 조건에서 잘 적응하는 편이며 수분이 충분한 곳에서 잎의 분화가 빠르고 생육도 빠르다. 토양 수분이 충분한 조건에서 상추의 엽장이나 엽폭이 커지며 엽수가 많아져서 생산 수량은 높아진다.

1) 식물에 의한 이산화탄소 흡수량과 방출량이 같아져 식물체가 외부 공기 중에서 실질적으로 흡수하는 이산화탄소의 양이 0이 되는 햇볕의 강도
2) 식물의 광합성 속도가 더 이상 증가하지 않을 때의 빛의 세기

토양 수분	엽수(장)	엽장(cm)	엽폭(cm)	수량(g/㎡)
-20kPa	99.3	19.4	12.1	6,825
-33kPa	98.8	19.5	12.2	6,819
-50kPa	94.4	17.3	10.7	6,509
-75kPa	92.0	15.7	9.8	5,637

* kPa(킬로파스칼)이란 : 토양수분흡인압력을 표시하는 표준단위계의 압력 단위이며 1Pa은 1㎡에 1N(뉴턴)의 힘을 받을 때의 압력. 즉 1pa=1N/㎡ 또한 1pa=0.0102kg/㎠
* 시험품종 : 맛치마상추, 봄 재배(2002, 경기도원)

결구상추는 결구가 시작되면서 많은 수분을 요구한다. 따라서 결구가 시작될 때부터 관수량을 늘려 주어야 결구가 잘 된다. 시설상추의 물 소모량은 상추의 생육 단계와 계절에 따라 다르다. 상추의 생육 초기 물 소모량은 기준 증발산량의 40~50%이며, 충분히 자란 후 물 소모량은 기준 증발산량의 90~120% 이다. 지역에 따라 약간의 편차가 있으나 우리나라의 1일 평균 기준 증발산량은 11~2월 0.5~1mm, 3~4, 9~10월 2~3mm, 5~9월 4~5mm 내외이다. 한 번에 물주는 양은 토양의 종류, 다짐 정도에 따라 달라지나 일반적으로 10mm 정도이다. 충분히 자란 상태에서 한 번에 10mm 정도 관수한다면 겨울에는 7일~10일 간격, 봄, 가을에는 3~5일 간격, 여름에는 2~3일 간격으로 관수하여야 한다.

잎상추를 5m×100m 하우스에 3두둑, 두둑 당 6줄씩 20cm 간격으로 심었을 때 10mm를 관수하려면 스프링클러 또는 분수호스의 경우 4~5톤, 점적호스의 경우 3.6톤 정도가 필요하다. 일시에 수확하는 로메인을 5m×100m 하우스에 3두둑, 두둑 당 2줄씩 심었을 경우 10mm를 관수하려면 스프링클러 또는 분수호스의 경우 4~5톤, 점적호스의 경우 2.4톤 정도가 필요하다.

토양 조건과 양분 흡수

상추를 재배하는 데 알맞은 토양 산도는 pH 6.5~7.0(결구상추 6.0~6.5) 정도이다. pH 5 이하의 산성 토양이나 pH 8.0 이상의 알칼리성 토양에서는 생육이 저하된다. 토질은 특별히 가리지 않으나 보수력이 좋으며 배수가 좋은 모래

참흙이 생장하는 데 알맞다.

상추의 양분 흡수는 질소(N), 인산(P), 칼륨(K), 마그네슘(Mg), 칼슘(Ca) 등 5대 다량원소의 양분이 골고루 필요하지만 그중에서 인산이 다른 작물에 비해 중요하다. 인산질 비료가 충분해야만 엽수의 분화가 빠르며 잎의 무게가 많이 나가기 때문이다. 인산은 지온이 15~20℃ 유지되고 토양 수분이 충분할 때 흡수가 용이하다. 질소질 비료는 충분한 시용보다는 조금 부족한 토양에서 자란 상추의 잎이 무겁다. 상추는 칼슘 요구도가 높은 작물 중 하나이다. 칼슘 흡수는 무기질 비료를 많이 주어 토양 EC가 높고 pH가 낮을 때 억제되며 고온이나 저온, 일조 부족에 의해서도 저해된다.

토양 전기전도도(EC)는 잎상추와 결구상추가 공히 2dS/m 이하에서 양호한 생육을 보인다.

상추

제3장

상추의 품종 및 채종

01 상추의 분류

상추의 품종은 다양한 크기와 색으로 존재한다. 상추는 잎의 모양과 크기, 로제트(Rosette) 정도와 결구성, 잎 색은 그렇게 크게 좌우하지는 않지만 잎의 색 그리고 줄기 형태 등으로 분류할 수 있다. 최근까지 보통 6가지로 분류하는데, 결구상추(Crisp head), 버터헤드상추(Butter head), 코스 또는 로메인 상추(Cos or Romaine), 잎상추(Leaf), 줄기상추(Stem), 라틴상추(Latin)가 있다. 요즈음은 더 세분화해 기름용으로 이용되는 상추를 포함하기도 한다(Boukema, 1990).

어느 것이나 잎은 녹색과 적색을 띠고 부드러우며 비타민 A, B, C, E 및 철을 다량으로 함유하고 있어 영양이 풍부하다. 따라서 생식용으로 적합한 샐러드용과 쌈용으로 이용된다. 외국에서는 위의 6종류가 모두 생산·이용되고 있지만 국내에서는 잎상추, 로메인 상추, 결구상추가 주로 재배되고 있고 이외에는 거의 재배되지 않는다.

결구상추(Crisp head)

결구상추는 크게 아이스버그(Iceburg)와 바타비아(Batavia)그룹으로 나눈다. 크고 단단하게 결구를 하는 형은 주로 아이스버그(Iceberg)를 가리킨다. 이 명칭은 아래에 설명하는 바타비아(Batavia)그룹에 속하는 아이스버그(Iceberg) 품종과는 다르다. 최초의 아이스버그(Iceberg)형은 그레이트 레이크(Great Lakes) 품종이며 1948년 미국에서 개발되었다(Bohn and Whitaker, 1951).

(그림 3-1) 결구상추

전형적인 미국 품종으로 크고 무게는 약 1kg 정도 되며, 외엽은 6~7장 정도이다. 이 식물은 먼저 로제트(Rosette) 단계를 거친다. 초기의 잎은 가늘고 길며 각 연속적인 잎의 폭이 증가하게 된다. 약 10~12개의 잎이 컵 모양을 형성하고 나중의 잎들이 이를 감싸게 되며, 이 잎들은 안쪽에서부터 계속 자라면서 커지고 속이 채워지게 된다. 만일 결구된 것을 수확하지 않는다면 이것은 종다리가 나와서 추대하게 된다. 잎의 질은 고급 결구상추(Great Lakes Group)부터 그보다 못한 결구상추(Salinas Vanguard group)에 이르기까지 다양하다. 외엽색은 밝은 초록 혹은 어두운 초록이며 안쪽 잎들은 거의 흰색부터 크림색에 가까운 노랑에 이르기까지 다양하다.

다음 결구상추의 또 다른 형은 바타비아(Batavia)상추가 있다. 이런 종류의 결구상추는 유럽에서 유래되어 대부분 이 지역에서 발견되고 있다. 영국의 웹스원더풀(Webb's Wonderful)은 바타비아(Batavia)형 품종인데, 이는 미국에서는 조생종 결구상추로 분류하기도 했다. 프랑스에서는 바타비아(Batavia)라는 단어가 이름의 한 부분으로서 많은 종류의 품종에 붙여졌다. 이들은 아이스버그(Iceberg) 종류의 결구상추와 결구 형태 및 재배 방법이 비슷하고 수확기에 모양이 매우 다양하며, 작고 구가 단단하지 않으며 무게는 약 500g 정도이다.

버터헤드(Butter head)

보통 살라다나(Saladana) 등으로도 불리고 결구는 비교적 부드러우며, 일반적으로 정아는 완전히 포합(抱合)하지 않는다. 엽면은 평골이고 결각과 주름이 없다. 엽은 담녹색이나 녹색이고, 엽육은 얇고 부드럽다. 유럽과 남미에서는 많이 재배되고 있다. 수송성은 없지만, 조생종이기 때문에 도시 근교에서 많이 재배되고 있다. 결구상추(Crisp Head)형의 재배가 곤란한 시기에 대신하거나, 가정원예로도 재배될 수 있다. 이 경우 결구시키지 않고 수확·출하된다.

(그림 3-2) 버터헤드상추

버터헤드(Butter head)상추는 유럽에서 시작되어 대부분 이 지역에서 재배하고 있다. 유럽에서는 보통 두 종류가 재배되고 있는데 생육되는 계절과 관계있다. 여름에 재배되는 버터헤드상추는 노지에서 자라며 무게가 약 350g에 달한다. 겨울형보다 추대가 늦으며 생육 속도가 빠르다. 겨울에 재배되는 것은 구가 작고 여름형보다 결구력이 약하며, 무게는 150~200g에 이른다.

미국에서는 모양과 크기로 두 가지로 나눈다. 보스턴(Boston)형은 구가 크고 밝은 색깔이며 연한 잎을 가지고 있다. 반면에 빕브(Bibb)형은 작으며 잎은 진한 초록색을 띠고 있다. 모든 버터헤드(Butter head)상추의 잎들은 비교적 얇고 반들반들하고 기름기가 있으며 부드러운 결을 가지고 있다. 외엽의 색은 대부분 아이스버그(Iceberg)상추보다 엷은 빛을 띠고 있으며 결구엽은 노란색을 띠고 있다.

코스(cos or romaine)

코스(Cos) 또는 로메인(Romaine), 로맨(Roman)으로 알려져 있다. 코스(Cos)상추
는 예부터 지중해 유역에서 재배되었으며, 이 이름은 터키에 근접한 동부 지중해에
인접해 있는 코스(Kos)라는 섬에서 유래되었다. 이 지역에서는 현재에도 다양하고
많은 품종이 자라고 있으며, 색깔은 노랑부터 진한 녹색에 이르기까지 넓게 분포하
고 있다. 입성이며 잎은 길고 스푼형의 엽형을 하고 있다. 중륵(中肋)이 크게 밖으로
나온다. 엽수는 많고 심부는 결속해서 장형의 반결구상을 이루며 죽순 모양을 이루
지만 단단하지 않다. 잎의 조직은 비교적 거친 편이다. 많은 부분이 녹색이며 반결구
형이기 때문이다. 결구 내엽은 노란색이며, 무게는 750g 정도이다.

(그림 3-3) 코스 또는 로메인 상추

잎상추(Leaf)

잎(Leaf) 혹은 커팅(Cutting)상추 품종은 주로 국내에서 재배되고 모양이 다양
하다. 우리나라에서 가장 많이 재배되고 있는 형으로, 지중해 지방에 원종이 있
고 결구는 하지 않는다. 특히 결구상추의 원종이라고 알려져 있다. 우리나라에
서는 쌈 문화의 영향으로 잎상추를 크게 청치마, 청축면, 적치마, 적축면 4가지
로 나누고 있다. 엽연은 가늘고 오글오글하며 엽색은 담녹색인 것이 많다. 저온
에서는 안토시아닌이 많아져 짙은 적색이 된다. 엽육은 얇지만 엽수가 많고 추
대가 늦은 성질이 있다. 미국의 일반 가정에서는 정원에 많이 재배하고 있다.

(그림 3-4) 잎상추

라틴상추(Latin)

글라세(Grasse)상추라고도 불린다. 이것의 기원 역시 유럽이지만 남아메리카(South America)와 미국 일부 지역에서도 재배되고 있다. 라틴상추는 위로 뻗는 성질과 긴 잎들이 코스(Cos)상추와 닮았지만 잎의 길이는 코스(Cos)보다 짧다. 잎의 조직은 빕비형 버터헤드(Bibby-type butter head)상추와 닮았다. 잎은 부드럽지만 두터우며, 일부 품종들은 질긴 잎을 갖고 있다.

줄기상추(Stem)

줄기상추는 줄기 또는 아스파라거스(Asparagus) 상추라고 불린다. 줄기(Stem)상추는 이집트와 중동 국가들에서 발견되고 있다. 이집트인의 무덤에서 판단해보건대, 줄기상추에 대한 기록은 아주 오래된 것이다. 줄기(Stem)상추는 중국에서도 흔하다. 중국인은 AD 6세기에 알고 있었는데, 이것으로 볼 때 일찍이 중동을 통해 전해진 것으로 생각해볼 수 있다. 일본에는 제2차 세계대전 이후 도입된 것으로 알려져 있다. 줄기의 직경은 5~7cm에 이르고 각종 조리와 요리에 이용되며, 아삭아삭하고 식미가 좋다. 줄기(Stem)상추의 대표적인 품종으로는 셀투스(Celtuce)가 있다.

(그림 3-5) 줄기상추

오일시드(Oil-Seed)

이 상추는 초기의 생장 속도와 추대가 매우 빠르다. *Lactuca serriola*로 분류되거나 다른 명칭으로도 분류할 수 있다. 상추 (*Lactuca sativa*)의 원시적 형태 흔적을 가지고 있다. 오일시드상 추는 대부분 다른 상추의 씨보다 50%가량 큰 씨를 가지고 있다. 씨는 가정용으로 요리에 기름을 넣는 데 이용했다. 오늘날에도 사용되고 있지만 아주 먼 옛날 인간이 처음으로 이용한 상추 종 류일지도 모른다. 이 상추의 잎은 길고 폭이 좁으며, 추대와 개 화가 매우 빠르다. 품종과 재배의 발달로 인해 완전히 순화되지 않은 한 집단으로 여겨진다.

(그림 3-6)
오일시드 상추

이상과 같이 상추는 다양한 생태형이 있고 온도, 일장에 대한 감 응이 다르다. 토양에 대한 요구도 넓고, 거의 모든 종류의 토질에서 생산되지만 토양 수분을 많이 함유된 유기실이 많은 곳에서 좋은 품질의 상추가 생산된다. 토양 반응에 대한 적응성이 크고 pH 5.5~8.0의 범위에 걸쳐 생육한다. 최적 반응은 pH 6.6~7.2 사이이다. 산성산계는 pH 4.7~5.2로, 이 경우 석회에 의한 교정이 필요하다. 동화 작용은 광이 강함에 따라 왕성하지 만 타 작물에 비해 낮고 25kLux에서 광포화점에 이른다고 알려져 있다. 광보상 점은 1.5~2.0kLux로 알려져 있다.

02 국내의 주요 품종

국내 종자협회에 등록되어 생산·판매되고 있는 품종은 2007년 6월 말 기준으로 534종이며, 이 중 품종명이 같은 것을 제외한 품종은 340개가 등록되어 있다〈표 3-1〉. 우리나라에는 잎상추가 매우 세밀하게 구분되어 유통·판매되고 있는데 적축면, 적치마, 맛치마, 청축면, 청치마 등으로 나뉘며 시장에서 축면상추는 포찹이로 통용되고 있다.

1990년대 이전의 상추는 잎상추의 경우 뚝섬적축면, 청치마, 여름청치마, 먹치마, 청축면, 여름청축면 등이 주품종이었으나 2000년대에 들어서면서 (주)권농종묘, (주)농우바이오 등에서 자체 품종을 개발함으로써 〈표 3-1〉과 같은 많은 품종이 유통되고 있다. 매년 20여 품종이 새롭게 생산·판매를 신고하고 있다.

결구상추 품종은 과거 1960~1980년에는 그레이트 레이크스 계열 등이 주류를 이루었으나 1980년대 중반엔 외국으로부터 많은 품종이 들어와 적응시험을 거친 후 현재까지 유레이크, 사크레멘트, 만추텍사스그린 등이 주류를 이루고 있다.

〈표 3-1〉 국내 생산·판매 등록 품종명과 등록 수(2007, 종자협회)

품종명	등록 수	품종명	등록 수	품종명	등록 수	품종명	등록 수
강타여름적축면	1	베스트결구	1	여름청축면	3	탑그린	1
강풍적치마	1	보가적축면	1	여름청치마	7	탑레드	1
강한청치마	1	보배적치마	1	연산홍적축면	1	태양적치마	1
강호적치마	1	부띠끄	1	열강적치마	1	태풍여름적축면	1
개량만추텍사스	1	불꽃축면	2	열풍적치마	1	토말린	1

품종명	등록수	품종명	등록수	품종명	등록수	품종명	등록수
겨울아비	1	불티나축면	1	오래따적치마	1	토종맛적축면	1
고향	1	블랙선자치마	1	오색적축면	1	토종적치마	1
고향뚝적축면	1	블루스카이	1	오크린	3	파워선적축면	1
골드그린	1	빨간뚝섬	1	오페라적축면	1	파파	1
광택나적축면	1	빨간오크립	1	오향적치마	1	퍼스트결구	1
광풍적축면	1	사철흑치마	1	옥돌	1	포차비적축면	2
권농포찹이	1	사카타먹치마	1	온그린	1	폴라	1
그랜드래피드	5	삼각추	1	온풍적치마	1	풍산맛	1
그린로메인	1	삼계청치마	1	왕미	1	풍성	1
그린볼	4	삼계포기찹적축면	1	월하적축면	1	프리우스	1
그린청치마	1	삼복만추대청치마	1	웰빙	1	하농적축면	1
그린피스	1	미니적로메인	1	윈터그린	1	하루나미	1
금메달적축면	1	미니컵	1	유니나	1	하보청치마	1
금탑적축면	2	삼복먹치마	1	유리	1	하이그린	1
낙동먹치마	1	삼복적쌈축면	1	인동적축면	1	하이볼	1
넘버원	1	삼선적축면	1	일품여름청치마	1	하지청축면	1
노다지치마	1	삼성그린	1	자랑적치마	2	하트적치마	1
노랑맛	1	상크만	1	자바흑치마	1	한밭청치마	1
녹치마	1	상품적축면	1	자주적축면	1	한여름적축면	1
농적치마	1	새로나흑치마	1	자홍치마	1	핫레드	1
다발적축면	1	새홍적축면	1	장풍적축면	1	해맞이적치마	1
다조아치마	1	샐러드익스프레스	1	적동여름적치마	1	홍단적축면	1
다크아일랜드	1	생그랑쌈	1	적사계	1	홍동적축면	1
다홍치마	1	생그린	1	적삼각채	1	홍미적축면	1
단풍적치마	1	생생청치마	1	적삼각추	1	홍산홍	1
단풍치마	1	생채	1	적치마	35	홍쌈	1
단홍여름적축면	1	서울약치마	1	적토마	1	홍쌈로메인	1
단홍적축면	1	선그린치마	1	적하계	1	홍염적축면	1
대농로메인	1	선레드치마	1	정통포기적축면	1	홍일적축면	1
대상포기적축면	1	선우포찹	1	정풍포기적축면	1	홍풍여름치마	1
대통여름적축면	1	선조흑치마	1	제일결구	1	홍풍치마	1

품종명	등록 수	품종명	등록 수	품종명	등록 수	품종명	등록 수
대풍적치마	1	선풍2호	1	제일담배	1	홍하적축면	1
동풍청치마	1	선풍포찹적축면	1	제일레기나	1	홍화적축면	1
뚝섬적축면	37	선홍적축면	1	제일레드결구	1	화동적치마	1
뚝섬청축면	14	성화적축면	1	제일레드로메인	1	화풍적포기	1
레드선적축면	1	세레나	1	제일레드롤로양	1	화향적축면	1
레드스타	1	센세이션	1	제일레드리치아양	1	화홍적축면	2
레드오크	1	수라적치마	1	제일레드샐러드볼	1	횃불적축면	1
레드원	1	시저스그린	2	제일레드오크리프양	1	효자적치마	1
레드존	1	시저스레드	2	제일로메인	1	흑쌈먹치마	1
레드퀸적축면	1	신추	1	제일롤로	1	흑쌈치마	1
렉스적축면	1	신풍먹치마	1	제일리시아양	1	흑용치마	1
로메롤	1	신풍직축면	1	제일생새	1	흑치마	5
로스적축면	1	신홍134	1	제일셀러드볼	1	ALE 040301	1
로얄적오크	1	신홍적축면	1	제일쏘프트양	1	ALE 040302	1
로즈퀸적축면	1	신화적축면	1	제일알로에	1	Banchuu Red Fire	5
롤라	2	썸머레드	1	제일여름그린볼결구양	1	Calona	1
롤라퀸	1	아담	1	제일여름로메인양	1	Cherokee	1
루벨라	1	아리랑	1	제일여름흑축면	1	Chirivel	1
루벨라2호	1	아바타	1	제일오크리프	1	Concorde	1
루비적축면	1	아비	1	제일진홍적축면	1	Emperor	2
마미	1	아시아그린	1	제일청축면	1	Exceed	1
만냥적축면	1	아시아레이크	1	제일흑축면	1	Fiorette	1
만냥흑치마	2	아시아신기추	1	조선녹치마	1	Fresh World	1
만상	1	아시아아이스퀸	1	조선적치마	1	Fringe Green	1
만추대청치마	4	아시아여름적치마	1	조선흑치마	1	Fringe Red	1
만추레드스타	1	아시아오래따적치마	1	조아라	1	Galera	1
만추써니레타스	1	아시아적	1	주홍적축면	1	Grand Rapid TBR	5
만추여름적축면	1	아시아적로메인	1	쥬피터	1	Great Lakes 366	1
만추청쌈	1	아시아적오크	1	진단풍적축면	1	Green Goal	1
만추흑적오크	1	아시아진빨치마	1	진빨롤라	1	Hawaii No.2	1
만풍자치마	1	아시아청쌈	1	진빨포찹치마	1	Imperor	1

품종명	등록 수	품종명	등록 수	품종명	등록 수	품종명	등록 수
만홍포찹	1	아시아흑로메인	1	진선홍적축면	1	King Crown	1
맛깔청치마	1	아이스레드	1	진자축면	2	King Sisco	1
맛치마	1	안동적축면	3	진적적축면	1	Locarno	1
먹골흑치마	1	양송이	1	진풍적축면	1	M Wrap 231	1
먹치마	2	어울림청치마	1	천미	1	Malika	1
명품토종적축면	1	에메랄드	1	천상	1	Nansohbeni	1
모스트청쌈	1	에버그린	1	청광청치마	1	Okayama Salad	1
무적여름적치마	1	에보니블랙	1	청동여름청치마	1	Ontario	1
무적여름흑치마	1	에스에스33	1	청쌈로메인	1	Red Fire	5
미래웰빙로메인양	1	에이스	1	청정흑치마	1	Red Wave	1
미풍포찹적축면	1	엘리트	1	청치마	40	Sacramento	7
미향적축면	1	여름뚝섬	8	청포찹축면	1	Salinas 88	3
미홍적축면	1	여름뚝섬적축면	1	청풍여름치마	1	Shikibeni	1
바울그린	2	여름쌈지청치마	1	청풍치마	1	Super Universe	1
바울레드	2	여름안동	1	청하계	1	Texas Green	1
백일청치마	1	여름적치마	10	청하청치마	1	Tima Santyu	1
버클리	1	여름참맛적치마	1	타미나	1	U Lakes	1

〈표 3-2〉 주요 엽형별 유통 품종

결구형	타입	품종명
잎상추	적축면	선풍, 미풍, 명품, 뚝섬적축면, 화홍, 홍화, 진자적축면
	적치마	적치마, 강한적치마
	맛치마 (자치마)	만풍맛치마, 녹치마, 삼복먹치마, 맛치마, 녹치마
	청축면	여름청축면, 하지청축면
	청치마	여름청치마, 만추대청치마
	쌈용	오크립(청, 적), 바울레드, 롤로로사
결구상추	결구형	유레이크, 만추텍사스그린, 텍사스그린, 사크라멘트, 아비, 겨울아비, 살리나스-88
로메인상추	반결구	시저스그린, 시저스레드

〈표 3-3〉 작형별 적품종 및 재배 시기(추천 재배 시기를 중심으로)

작형	적품종	
	잎상추	결구상추
봄 재배	삼선적축면, 뚝섬적축면, 주홍적축면, 자주적축면, 자홍치마, 미풍포찹, 흑쌈치마, 신기추, 선홍적축면, 하청	텍사스그린, 살리나스-88, 아담
고랭지 재배	여름청치마, 만추대청치마, 여름청축면, 자주적축면, 자홍치마, 선농포찹, 만풍자치마, 여름적치마, 장수	유레이크, 만추텍사스그린
가을 재배	뚝섬적축면, 자주적축면, 자홍치마, 흑쌈치마, 신기추, 선홍적축면, 장수	겨울아비, 사크라멘트, 아담
겨울 재배	화홍적축면, 권농포찹, 홍쌈, 하청, 장수, 토종맛적축면, 명풍토종적축면	겨울아비, 시저스

잎상추

국내 잎상추는 크게 적축면, 적치마, 청축면, 청치마로 구분되며 200여 품종이 등록되어 있다. 기존에 육성된 대부분의 잎상추는 봄, 가을 재배에 적합한 품종이 많다. 여름 재배 품종은 청치마, 여름청치마, 만추대청치마로 아직은 청치마에 국한된 경우가 많으나, 최근에는 재배법과 품종 개량에 의해 여름철에도 적축면 상추의 재배가 시도되고 있다. 여름철 만추대와 고온기의 비가림 하우스에서 적색 발현의 안정성을 높이려는 노력이 진행되고 있고 늦가을이나 겨울철 저온기에도 신장성이 좋은 품종을 개발 중에 있다.

〈표 3-4〉 고랭지 잎상추의 주요 특성 및 수량성(1999, 2001, 고시)

일련 번호	품종명	엽색	발아율 (%)	추대 소요일수	엽장 (cm)	엽폭 (cm)	엽수 (cm)	상품 수량 (g/주)	10a 수량 (kg/10a)
1	적치마	적색	68.3	78	18.5	10.3	22	84	1,053
2	적치마	적색	96.7	80	18.2	8.9	23	100	1,250
3	청치마	녹색	100.0	107	18.0	10.2	35	270	3,369
4	청치마	녹색	94.2	107	17.5	11.2	33	321	4,010

일련 번호	품종명	엽색	발아율 (%)	추대 소요일수	엽장 (cm)	엽폭 (cm)	엽수 (cm)	상품 수량 (g/주)	10a 수량 (kg/10a)
5	여름청치마	녹색	66.7	152	17.1	10.8	28	243	3,037
6	여름청치마	녹색	99.2	139	17.1	11.3	29	251	3,142
7	만추대청치마	녹색	90.0	152	17.9	11.8	29	266	3,323
8	녹치마	녹색	73.3	172	19.3	10.9	28	231	2,888
9	삼계청치마	녹색	80.0	150	18.6	11.0	29	242	3,025
10	흑치마상추	진적색	63.3	84	19.5	10.8	30	224	2,797
11	한밭청치마	녹색	91.7	152	18.7	12.3	31	306	3,824
12	농적치마	적색	95.0	90	18.4	11.0	26	165	2,062
13	맛치마	적색	90.8	94	19.6	11.3	32	247	3,088
14	강한청치마	녹색	97.5	139	18.8	11.7	31	298	3,726
15	먹골흑치마	진적색	97.5	102	18.1	9.8	30	232	2,897
16	강호적치마	적색	93.3	72	18.5	10.8	23	155	1,933
17	여름적치마	적색	95.8	104	17.7	11.4	29	206	2,578
18	오래따적치마	적색	77.5	146	19.2	11.0	27	218	2,727
19	화동적치마	적색	87.5	69	18.2	10.3	30	241	3,007
20	청풍치마	녹색	95.8	104	19.1	11.1	30	287	3,591
21	홍풍여름치마	적색	92.5	151	19.1	11.1	24	188	2.349
22	조선적치마	적색	94.2	62	19.9	10.5	31	250	3,128
23	열풍적치마	적색	94.2	116	18.4	11.3	30	219	2,741
24	여름안동상추	녹색	26.7	93	16.4	15.9	24	191	2,387
25	먹치마	진적색	93.3	100	19.6	10.9	32	301	3,762
26	서울약치마	적색	93.3	109	19.4	10.5	33	266	3,323
27	적치마	적색	84.2	84	18.7	11.4	26	214	2,679
28	적치마	적색	85.8	84	20.0	11.4	27	223	2,784
29	흑치마	적색	89.2	66	18.9	11.2	30	283	3,540
30	안동적축면	적색	98.3	61	15.0	15.0	23	255	3,190
31	뚝섬적축면	적색	89.2	79	15.1	13.8	33	282	3,526
32	뚝섬적축면	적색	95.8	56	14.8	13.3	25	257	3,206
33	뚝섬적축면	적색	95.0	64	13.1	15.3	22	231	2,883
34	여름뚝섬축면	적색	99.2	116	15.6	15.0	30	250	3,124

일련 번호	품종명	엽색	발아율 (%)	추대 소요일수	엽장 (cm)	엽폭 (cm)	엽수 (cm)	상품 수량 (g/주)	10a 수량 (kg/10a)
35	여름뚝섬축면	적색	90.8	56	15.3	14.1	25	291	3,640
36	삼선적축면	적색	90.8	75	14.9	14.6	25	272	3,400
37	진자축면	적색	98.3	61	14.7	15.2	22	264	3,301
38	불꽃축면	적색	49.2	104	15.4	14.5	29	240	2,995
39	하지청축면	녹색	90.8	102	16.3	13.1	33	294	3,670
40	미홍적축면	적색	81.7	74	15.2	15.0	25	251	3,139
41	주홍적축면	적색	83.3	74	15.3	16.5	25	254	3,172
42	진적적축면	적색	83.3	63	16.2	15.1	24	279	3,482
43	성화적축면	적색	90.0	116	15.4	13.7	29	246	3,073
44	여름청축면	녹색	93.3	122	15.5	14.3	28	254	3,173
45	단홍적축면	적색	80.8	95	13.9	13.8	31	232	2,898
46	하농적축면	적색	93.3	96	15.6	15.2	30	235	2,936
47	태풍여름	녹색	79.2	111	14.6	14.9	27	239	2,992
48	포자비적축면	적색	85.8	109	16.0	13.7	31	244	3,055
49	화홍적축면	적색	95.8	75	14.5	15.8	24	301	3,767
50	선풍포첩적축면	적색	50.8	78	14.4	15.0	22	258	3,225
51	그랜드래피드	녹색	67.5	77	16.1	12.9	30	337	4,215
52	월하적축면	적색	85.0	111	16.4	12.5	28	215	2,691
53	화홍적축면	적색	90.0	67	16.4	14.5	26	366	4,579
54	자주적축면	적색	82.5	87	14.2	13.4	20	140	1,752
55	뚝섬적축면	적색	99.5	66	14.3	13.0	25	195	2,438
56	적치마상추	적색	99.0	92	16.3	10.3	22	127	1,582
57	신기추	적색	96.0	151	15.0	9.0	19	67	834
	평균		86.7	97	16.9	12.5	30	239	2,982

결구상추

가. 그레이트 레이크스 54 (Great Lakes 54)

과거에 가장 많이 재배한 품종이었으나 지금은 거의 수입되지 않고 있는 품종으로, 잎 색이 짙고 내병성과 내한성이 강해 재배가 용이하며 포기 무게가 600~700g으로 저장과 수송에 적합하지만 상품성이 균일하지 않은 단점이 있다. 남부 지방에서의 겨울 하우스 터널 재배가 적합하다.

〈표 3-5〉 결구상추 국내 주요 재배 품종 일람표

품종명	숙성	재배형	엽색	엽장 (cm)	결구 엽수 (매)	엽폭 (cm)	주당 중량 (g)	추대성	내서성	내한성	비고
유레이크	중생	봄,가을, 고랭지	농녹	23~26	16~24	29~31	370~730	중강	중강	약	
텍사스그린	중생	봄,가을, 고랭지	농녹	24~25	17~28	26~32	320~580	중	중	약	
만추텍사스그린	중생	봄,가을, 고랭지	농녹	23~27	20~28	25~32	480~750	중강	중강	약	
살리나스-88	중생	봄,가을, 고랭지	농녹	27~31	22~28	30~32	530~900	중	중	약	
브라보	조생	봄,가을, 고랭지	농녹	22~27	21~30	28~33	340~800	중	중	약	
패트리어트	중생	봄,가을, 고랭지	농녹	24~27	17~25	27~32	340~800	중강	중강	약	
아루카디아	중생	봄,가을, 고랭지	녹	26~29	21~30	32~33	450~770	중강	중강	중	
그레이트레이크	만생	봄,가을, 고랭지	녹					중강	중강	중	
엠페레어	중생	봄,가을, 고랭지	농녹	22~28	20~26	24~33	330~760	중강	중강	약	
사크라멘트	조생	겨울	농녹	30~32	25~40	29~30	580~820	중	중	강	평지 겨울 시설 재배
시스코	중생	겨울	농녹	26~30	25~39	29~30	730~760	중	중	강	
킹시스코	중생	겨울	녹	29~31	22~39	29~30	590~750	중	중	강	

품종명	숙성	재배형	엽색	엽장 (cm)	결구 엽수 (매)	엽폭 (cm)	주당 중량 (g)	추대성	내서성	내한성	비고
킹크라운	중생	겨울	녹	25~30	30~35	6~10	500~600	중	중	강	평지2월수확
그린볼결구상추	중생	봄, 가을	녹	30~35	32~37	7~11	550~650	중	강	약	
하이볼결구상추	중생	봄, 가을	녹	25~30	30~35	6~10	500~600	중	중강	약	

나. 그레이트 레이크스 366(Great Lakes 366)

초세가 매우 강하며 외엽이 크고 짙은 녹색이다. 속이 단단하며 포기 무게가 1kg 이상 되므로 포기 사이를 넓힐 필요가 있다. 중만생종으로 생육 기간이 길며 평지 또는 고랭지 여름철 노지 재배에 적합하다. 과거에는 많이 재배했으나 지금은 거의 재배하고 있지 않다.

다. 펜 레이크(Penn Lake)

초세는 중간 정도이며 잎의 색은 약간 옅고 둥근형에 주름이 적고 잎가의 톱니 모양도 깊지 않다. 포기 무게는 500~600g으로 균일하고 조생종에 속하며 품질이 우수하다. 내병성과 내한성이 약하고, 고온에서는 무름병 발생이 많고 추대가 빠르기 때문에 도시 근교에서 가을 재배(늦여름 파종)가 적합하다. 과거에 많이 재배되었으나 새로운 품종으로 대체되어 지금은 거의 재배하지 않고 있다.

라. 올림피아(Olympia)

초세가 약하고 포기가 적어서 밀식이 가능하며 잎의 색은 담녹색, 잎 가장자리의 톱니가 뾰족하고 깊다. 포기 무게는 300~400g 정도이며 내병성과 내한성은 중간 정도다. 만추대성이기 때문에 여름 재배가 가능하며 직파 재배에 적합하다. 조생으로 고랭지 여름 재배와 일반 경지에서의 여름 재배에 의한 10월 수확이 가능하다. 과거에는 재배되었으나 현재는 재배되지 않는다.

마. 유레이크(Urake)

초세가 강하고 잎의 색은 약간 옅고 둥근형에 주름이 적다. 포기 무게는 500~800g

내외로 현재 여름철 고랭지에서 가장 많이 재배되고 있다. 조생으로 정식 후 45~50일 만에 수확 가능하며, 텍사스그린과 함께 여름철 재배의 주요 품종이다.

바. 사크라멘트(Sacramento)

국내에서 가을, 겨울에 재배가 적합한 품종으로 저온 신장성이 우수해 시스코 계통과 함께 저온기에 재배하기 좋다. 중생종으로 포기의 크기는 400~600g 내외이다.

2000년 이후 농촌진흥청 육성 신품종

1997년 농촌진흥청 고령지농업연구소에서 상추 품종 개발을 시작해 2006년 까지 결구상추 2품종, 로메인상추 2품종, 적축면상추 3품종, 청축면상추 1품종, 적치마상추 1품종 총 9품종을 육성했다. 2009년 농촌진흥청의 조직 개편에 의해 현재 국립원예특작과학원 채소과에서 2010년 상추 육종 업무를 수행하고 있다. 특히 결구상추 중에서는 아담, 청축면상추에서 만추대, 다수성이면서 팁번 저항성인 하청, 적치마상추에서는 적색 발현이 좋고 만추대인 장수가 가장 좋은 것으로 여겨지고 있다. 2004년 경기도농업기술원에서도 상추 품종 육성을 시작해 여러 계통을 육성 중에 있다.

〈표 3-6〉 농촌진흥청 육성 상추 신품종　　　　　　　　　　　　　　　　(2012, 원예원)

육성 연도	품종명	용도	숙기	수량 (kg/10a) 지적	주요 특성					적응 지역
					타입	엽수	엽색	추대	내병성	
2011	선레드버터	쌈 및 샐러드용	중만 생종	3,453	버터헤드	49	연적	중만	중	전국 봄, 여름, 가을
2011	써니 레드버터	쌈 및 샐러드용	중만 생종	3,092	버터헤드	51	연적	중만	중	전국 봄, 여름, 가을
2011	미선	쌈 및 샐러드용	중생종	2,407	축면과 치마의 중간	44	진적	중만	중	전국 봄, 여름, 가을

육성 연도	품종명	용도	숙기	수량 (kg/10a) 지적	주요 특성					적응 지역
					타입	엽수	엽색	추대	내병성	
2010	고홍	쌈 및 샐러드용	중생종	2,737	축면	45	적	중	중	전국 봄, 가을
2009	춘풍적축면	쌈 및 샐러드용	중생종	2,069	축면과 치마의 중간	53	흑적	중만	중	전국 봄
2008	미홍	쌈 및 샐러드용	중생종	1,703	적축면	54	적	중만	중	전국 봄, 여름, 가을
2008	고풍	쌈 및 샐러드용	중생종	1,954	진적축면	52	적	만	중	전국 봄, 여름, 가을
2006	장수	쌈 및 샐러드용	중생종	2,489	적치마	65	진적색	중만	중	전국 봄, 여름, 가을
2005	적단	쌈 및 샐러느용	중생종	3,062	적축면	28	밝은 녹석	중만	중	전국 봄, 여름, 가을
2004	하청	쌈 및 샐러드용	중생종	4,301	청축면	42	밝은 녹색	만	강	전국 봄, 여름, 가을, 겨울
2003	적사계	쌈 및 샐러드용	조생종	4,241	적축면	31	밝은 녹적	중만	중	전국 봄, 여름, 가을
2003	풍성	쌈 및 샐러드용	중생종	4,041	결구	27	진한 녹색	중	중	전국 봄, 여름, 가을
2002	만상	쌈 및 샐러드용	중생종	4,141	로메인	37	회녹색	중	약	전국 봄, 가을
2002	천상	쌈 및 샐러드용	중생종	3,116	로메인	32	회녹색	중	약	전국 봄, 가을
2001	적하계	쌈 및 샐러드용	조생종	2,682	적축면	24	밝은 녹적	중	약	전국 봄, 가을
2001	아담	쌈 및 샐러드용	중생종	4,522	결구	43	진한 녹색	중	중	전국 봄, 여름, 가을

03 유전 양식

상추는 오늘날까지 59개의 유전자좌가 확인되었다. 이 중 6개는 안토시아닌 색소에 관여하고 10개는 클로로필 유전자, 11개는 엽 형성에 영향을 미치며 4개 유전자는 결구에 영향을 미치고, 7개 유전자는 개화와 종자의 특성, 7개는 웅성불임, 1개는 화학적으로 민감하고 13개 유전자는 내병성에 관여한다고 알려져 있다. 몇 개의 경우는 다수 유전자좌와 유전자가 연관되어 있다고 알려져 있다. 상추는 여러 면에서 유전 연구에 적합하다. 생활주기가 짧고, 자가 불화합성이 없으며, 아주 높은 자연적 자가수분이고, 적당한 재식 공간, 유전 연구의 소재로 적은 수의 염색체 수(n=9)를 들 수 있다. 비록 유전자에게 상추가 몇 개의 불리한 점을 갖고 있는데, 예를 들면 인공 교배로 얻을 수 있는 적은 종자, 교배 시 자식된 종자를 항상 동반하는 F1으로 이러한 어려운 점은 극복할 수 있다.

상추의 유전적 특성을 알 수 있는 마커로서 유묘기에는 안토시아닌, 클로로필을 들 수 있고 잎 형태에서는 윤기(Wax), 털(Hairs), 엽맥의 배열(Venation), 모양(Shape)이며 결구와 추대는 복잡한 과정으로 유전자형, 환경, 유전자형 및 환경 상호작용에 의해 영향을 받는다고 알려져 있으며 결구를 조절하는 데에는 5~6개의 열성 주요 유전자(Recessive major gene)에 의해 결정된다고 보고하고 있다. 웅성불임의 경우 웅성불임 식물은 좁고 가는 엽을 가지고 있고 개화 전 이들을 구분할 수 있다. 최소한 3개의 열성 유전자들이 웅성불임 형성의 유전에 관여한다. 꽃 색은 2개의 꽃 색깔에 관여하는 유전자가 확인되었다. 종자 색은 검정 및 갈색이 흰색에 대해 우성이다. 병해 저항성 유전자가 관여하는 병해는 비든모틀바이러스(Bidens mottle virus), 상추모자이크바이러스(Lettuce mosaic virus), 터닙

모자이크 바이러스(Turnip mosaic virus), 흰가루이병(Rowdery mildew,) 노균병(Downy mildew) 등이 알려져 있다.

상추의 유전적 특성을 구명하기 위해서는 계획 육종이 진행되고 있는 미국의 결과 보고가 많은 것을 알 수 있다. 이웃한 일본에서도 지금까지 계획적인 육종의 사례가 드물고, 제형질의 유전성에 관해서는 거의 해명되고 있지 않다. 국내에서도 1997년부터 상추 품종 개량을 위해 계획 육종을 하고 있으나 유전적 특성의 구명에 관한 연구는 미비하다. 품종 개량을 위해 유전적 특성의 구명은 기초적인 생리, 생태의 검정, 더욱이 품종 이용 면에서도 매우 중요하며 특히 병해 저항성을 포함하고 있는 기초 연구를 위해서도 필요하다. 미국에서는 육종과 병행해 형질의 유전성에 관한 연구가 진행되고 있다. 미국에서 상추는 내병성 품종 개량이 육종 목표의 중심 과제가 되고 있으며, 특히 노균병, 바이러스병(모자이크병)에 대한 내병성 품종 육성들에 대해 적극적으로 진행되고 있다. 노균병은 러시아로부터 도입한 양생종 L. serriola가 저항성 소재로서 이용되고 있으며, 노균병 저항성은 단순우성을 나타내는 것으로 알려졌다. 칼마(Calmar) 품종은 현재까지 노균병 저항성 품종으로 잘 알려져 있다. 노균병균은 레이스(Race) 분화가 뚜렷해 미국에서도 이 대책으로 고심하고 있지만 아직도 진정 저항성 육종은 곤란한 것으로 여겨지고 있다. 따라서 저항성 유전 양식은 단순하지만 균이 레이스(Race) 분화가 심해 이를 극복하기 위해서는 폭넓은 유전자원에 대한 저항성 검토가 필요하고 형질 전환 방법에 의한 접근도 고려될 수 있다. 바이러스병에 대한 저항성 품종의 육성 재료로는 야생종이 이용되고 있고 상추모자이크바이러스(LMV)의 저항성 소재는 이집트로부터 도입된 L. serriola와 라틴형상추의 카레카 등이 이용된다. 상추모자이크바이러스 저항성 유전 양식은 단순열성인자에 지배되는 것으로 알려져 있다. 결구하지 않는 유전자원, 특히 야생종을 이용한 육종에서는 결구성의 회복, 만추대성 확보가 중요한 문제이지만 육종을 목표로 하는 저항성이 열성으로 동형 접합체로 발현하는 경우와 유전자(Poly-gene) 등이 관여하는 경우는 결구성과 만추대성을 둘 다 높이는 것은 용이하지 않다. 야생종(L. serriola, L. saligna)과 결구상추(Crisp Head)를 조합시켜서 결구성의 회복, 만추성을 확보하기 위해서는 최소한 3회 이상의 역교배가 필요하기 때문이다.

04 품종 육성

잎상추(국내 육성 내력을 중심으로)

국내 상추의 역사는 이미 삼국시대 때 중국으로부터 줄기상추가 도입돼 줄기와 잎을 주식으로 한 쌈용, 김치용, 겉절이용으로 이용되었으나 권농종묘(주) 권오하 사장이 2006년 농업전문지인 농경과원예에 기고한 '국내 상추 품종 개발 변천사'를 살펴보면 ①자가 선발에 의한 재래종 시대(1890년 이전)의 주요 품종으로는 충남 논산의 메꼬지, 경남 김해의 안동꽃상추, 서울 신정동의 개척상추, 서울 하일동의 찹찹이상추, 서울 은평구의 은평오그라기상추, 개성 지방의 개성꽃상추가 있었다. 이들 품종은 1980년대까지 우수한 지방종으로 자리매김했다. ②품종 도입에 의한 도입 육종 시대(1890~1990년대)에는 1910년 19품종이 도입되어 권업모범장에서 품종 비교 시험을 한 바 있고, 일본에서 도입된 뚝섬적축면과 뚝섬청축면이 품종 등록되어 오늘날까지 재배되고 있다. 1952년에는 미국으로부터 그랜드 래피드, 그레이트 레이크가 도입되어 오늘날까지 재배되고 있고 결구상추 중에서 현재까지 우리나라의 환경 여건에 잘 적응된 품종들에는 살리나스, 사크라멘트, 유레이크가 있으며 축면상추로는 그랜드 래피드, 얼리프라이즈헤드, 만추레드화이어 등이 있다. 일찍이 줄기상추 또는 로메인상추 등도 도입되었으나 1990년 이후에야 쌈용 채소로 이용되기 시작했다. ③계획에 의한 교배 육종 시대(1990년대~현재)에는 1989년 흥농종묘에서 처음으로 교배 육종을 시작해 1994년도에 처음으로 하지청축면을 육종했으며 그 뒤 농우종묘, 권농종묘, 대농종묘에서 신품종을 육성한 바 있다. 공공기관에서는 1997년부터 농촌진흥청 고령지농업연구소, 2004년부터 경기도농업기술원에서 상추 품종 육성을 하고 있으며 고령지농업연구소에서는 하청청축면, 장수적치마 상추 등 잎상추 5품종을 육성하고 있다. 금후 육성의 초점에 시대 상황에 맞는 친환경이면서 건강과 기능성이 부가된 고품질 상추 품종을 개발 중이며, 고온기 비가림 하우스 재배 시 불안정한 적색 발현을 극복하려는 시도를 하고 있다. 국내에 등록된 상추의 육성 내력을 살펴보면 잎에 축면성이 거의 없고 잎의 모양이 긴 타원형인 치마상추인 ①여름청치마는 논산 지역의 재래종인 만추대성인 메꼬지상추를 수집해 계통 순화해서 중앙종묘에서 1991년 여름청치마로 등록해 여름철에도 안정적으로 상추의 재배가 가능하게 했다. 이 품종은 만추대 적축면상추의 육성 시 교배 부본으로 활용도가 높은 품종이다. ②흑치마상추는 개척상추로 불리며, 서울 신정동 일대의 지방종으로 수송성과 수량성이 우수한 재래종을 대농종묘에서 1993년 계통순화해 흑치마로 등록하고 지금까지 생산·재배되고 있다. 이외에 권농종묘에서 육성한 탑그린은 여름청치마×계통 L99810, 열풍적치마는 적치마×청치마, 삼복먹치마는 재래흑치마×L97501와의 교배로 육성되었다. 잎이 오글오글하고 축면성이 강한 축면상추인 ③삼선적축면은 경남 김해에서 재배되던 지방종으로 적색이 진하고 상품성이 우수한 안동꽃상추를 1991년 흥농종묘에서 계통순화해 등록했다. ④여름뚝섬은 1989년 대농종묘에서 만추대성 계통을 도입해 계통순화한 후 여름뚝섬상추로 등록하고 적축면 상추의 여름 재배가 가능하게 되었다. ⑤단홍여름은 삼선적축면×여름뚝섬을 교배해 대경종묘에서 1995년 품종 등록한 것이다. 권농종묘의 선풍포찹적축면은 1998년 여름뚝섬에 삼선적축면을 여교잡해 만들었으며 사계절용으로 현재까지 인기리에 재배되고 있다. 오페라적축면은 선풍포찹적축면에 적색이 진한 수집종과 교배해 육성했고, 탑레드는 2004년에 선풍포찹과 계통 L99375과의 교배로 육성한 품종이다. 농촌진흥청에서 육성한 잎상추 품종은 하청을 비롯한 5품종이 육성되었다. 이중 하청은 팁번 저항성이며 초다수성 만추대성 품종으로 청축면이고, 장수는 저장성과 고온기 재배 시 적색 발현이 우수한 적치마상추이다.

결구상추 품종

결구상추는 버터헤드(Butter head)형과 결구상추(Crisp head)형의 2종류를 포함하고 있지만 결구성과 엽질에서는 큰 차이를 보인다. 버터헤드(Butter head)는 결구성이 약하고 엽질은 결구상추보다 두텁고 부드럽다. 반결구 상태로 수확하고 외엽 및 내엽을 함께 이용하고 있다. 이 형은 수확 적기의 명확한 구분이 없고 재배 기간과 산지에 의해 차이가 있지만 현재 우리나라에서는 저장성 및 국민 선호도가 달라 거의 보급이 안 되고 있으나, 금후 기능성과 고품질이면서 연한 상추의 소비가 증가될 것으로 판단되어 소비가 될 것으로 보인다. 일반적으로 추대가 빠르고 고온기 재배에는 적합하지 않은 것으로 나타나며, 안토시아닌이 들어간 적색이 발현되는 품종들도 있다.

결구상추는 크리습헤드(Crisp head)가 주류를 이루며 결구성과 형태가 배추와 유사하고 결구 끝맺음도 우수하다. 특징은 아삭아삭하고 즙이 많으며 씹는 맛이 좋다. 일반적으로 추대가 늦고, 고랭지 지역과 고위도 지방에서는 한여름 재배도 가능하다. 현재 이용되고 있는 크리습헤드형의 결구상추는 1920년 이후 미국에서 계획 육종에 의해 육성된 것이 많고 미국 상추 생산의 80% 이상을 차지하고 있다. 주생산지는 캘리포니아주의 임페리얼이다. 그다음으로 살리나스 지역에서 생산된다.

1920년대에 발생한 토양 전염성병과 노균병이 계기가 되어 미국 농무성(USDA)과 주농업시험장의 공동 연구에 의해 저항성 품종 육종이 시작되었다. 1930년대 말기부터 1940년대에 걸쳐 임페리얼 계통들의 품종이 육성되었다. 한편 동부 재배 지대에서는 팁번 저항성과 만추대성이 중요한 형질로 취급되어 이들에 중점을 둔 육종이 미국 농무성(USDA), 뉴욕주 농업시험장, 미시간 농업시험장과 공동 연구로 중요한 품종들이 많이 육성되었다. 1950년대 이후에는 바이러스 저항성, 특히 상추모자이크바이러스(LMV)를 대상으로 한 육종이 진전되었다. 현재는 캘리포니아주 살리나스(Salinas)에 있는 상추육성시험장을 중심으로 한 품종 육성이 진행되고 있다.

결구상추의 종자도 다른 잎 상추 종자와 같이 전 세계적으로 고정종으로 유통되고 있으며 F1 품종은 없는 상태이다. 결구상추에서도 가장 소비가 많은 크리습헤드(Crisp Head)는 다른 결구성 채소인 배추와 같이 포기의 형상과 품질이 품종 선정상 중요한 기준이 되고 있다. 토양과 재배 조건에 의해 생육 반응이 다르기 때문에 작기 적응성을 함유한 폭넓은 형질 검토가 필요하다. 상추의 품종은 그 품종의 육성 과정과 종합적인 생태적 특성에 의해 분류, 구분하는 방법과 추대성과 안토시아닌의 발현 유무 등 특정 형질을 기준으로 분류하는 방법이 있다. 품종의 선정, 이용 면에서 생각하면 기간 품종을 중심으로 작기, 토양 조건 등에 대한 적응성을 중시한 품종 구분이 가장 실용성이 높다고 보인다. 분류의 기준이 되는 기간 품종은 뉴욕, 임페리얼, 그레이트 레이크, 엠파이어, 풀톤, 뱅가드이다. 그 중 그레이트 레이크는 7개로 구분하고 풀톤은 3개로 구분했다. 이들은 미국에서 중요한 품종이며, 일본에서는 그레이트 레이크계 품종군에 집중되고 고온기 재배에서는 풀톤으로 대표되는 품종군과 엠파이어 등이 중요 품종에 위치하고 있다. 농촌진흥청 고령지농업연구센터(구 고령지시험장)에서도 1995년 결구상추 품종 육성을 시작해 2001년과 2003년에 결구상추인 아담과 풍성, 로메인상추인 천상과 만상을 육성한 바 있다.

05 채종

상추를 채종하기 위한 상추 파종과 재배법은 시장 출하를 위해 작물을 재배하는 것과 유사하다(2장 재배 방법 참조). 따라서 여기서는 채종의 기본 생리, 기작 및 채종하는 방법에 대해 기술하고자 한다. 비결구형인 잎상추 품종들은 추대 및 채종이 결구형보다 쉽다. 결구형 상추들은 결구를 형성하기 때문에 추대 유기도 오래 걸리고, 도중에 무름병이나 균핵병들에 의해 죽는 경우도 많다. 이에 따라 결구형 상추의 채종은 잎상추보다 많은 노력이 소요되며 결구 전 추대를 유기하기 위해 지베렐린을 사용하기도 한다. 결구 후 계속된 고온, 장일 조건이 되면 추대가 되며, 결구된 것을 십자형로 잘라주어 추대가 쉽게 일어나도록 하는 것이 중요하다. 국내에서는 노지 채종이 되지 않기 때문에 100% 비가림 하우스 또는 온실에서 채종해야 한다.

상추의 화아 분화와 추대, 생리

가. 화아 분화의 외적 조건

화아 분화와 추대에 미치는 외적 요인의 영향은 생육 일수와 함께 점점 커지고 장일, 비료, 토양 수분, 일조가 충분하면 발육이 한층 촉진된다. 고온에, 특히 자극에 강해 화아 분화기에 달하지만 장일(長日)이 더해지면 더욱 조장된다. 화아 분화는 고온 장일에 의해 추대 개화가 촉진되지만 저온 단일(短日)에서는 억제된다. 따라서 채종 재배를 위해서는 20℃ 이상의 고온이 지속되는 환경이 좋다. 일반적으로 적산 온도는 약 1,400~1,700℃이며 대부분은 화아 분화되어 추대된다고 한다.

(1) 온도

채종 재배를 위해서는 봄과 여름에 파종하는 것이 바람직하다. 고온에 노출되기 쉬워 화아 분화와 추대가 고온기만큼 빠르기 때문이다. 화아 분화까지 대개 적산 온도에 의해 그레이트 레이크 품종의 경우 적산 온도는 1,700℃ 정도가 필요하다. 추대는 화아 분화 후 온도에 영향을 받아서 고온에 노출되는 만큼 빠르게 된다. 25℃ 이상이면 10일 후, 20℃ 정도이면 20일 후, 15℃ 이상에서는 30일 후에 추대하고 15℃ 이하에서는 추대까지 꽤 시간이 걸린다고 보고되었다. 즉 고온에 의해 화아 분화와 추대가 촉진되고 품종 간에는 차이가 있다. 사라다나(Saradana), 뉴욕(New York)은 추대하기 쉬운 품종이고 그레이트 레이크(Great Lake)와 베리마케트(Very Market)는 추대하기 어려운 품종으로 알려져 있다. 화아 분화와 추대에 대해 낮의 고온 시기의 영향을 보면 대개 12시간 이상의 주간 온도가 높으면 고온의 영향은 지속되며, 이 시간이 긴만큼 효과도 높다. 거꾸로 주간의 고온 시간보다 야간의 저온 시간이 길면 화성에 대한 고온의 자극 효과는 야온에 의해 제거되어 화성(花成)이 억제될 뿐 아니라 추대도 억제된다. 따라서 여름 이외의 시기에서는 화성의 우려는 적다. 화성(花成)이라는 것은 생장점에 화아가 형성되고 영양 생장부터 생식 생장으로 변화하는 현상을 말한다. 지온이 높으면 추대 및 개화가 촉진되고 결구되지 않는다.

(2) 일장

온도가 높은 만큼 추대는 촉진되지만 동일 온도에서는 단일이 장일에 비해 늦게 된다. 즉 단일에 의해 화성 및 추대가 억제된다. 이것은 이미 외엽의 생리에서 말한 바와 같이 단일에 의해 묘의 생육이 현저히 억제되어 감온(感溫)해 화아 분화가 되는 기간이 길어지기 때문이다. 즉 장일이 직접적으로 엽에 작용을 미쳐 화성 물질을 만들고 화아 분화를 촉진하는 것은 아니며 장일이 식물체의 발육에 영향을 주어 큰 묘에 감온하기 쉬운 것이라고 생각된다.

나. 화아 분화, 추대의 내적 조건

생육에 동반해 탄수화물이 체내로 현저히 증가하고, 질소 화합물 레벨은 상대적으로 감소한다. 이런 변화에 대응해 생장점부에서 지베렐린, 오옥신대사가 활발해지고 핵산 함량이 증가하면 고온에 의해 자극이 반복되면서 핵산의 함량 변화가 질적 변화를 유발해 플로리켄을 축적하기 시작한다. 결국 화아 분화, 추대로 진행한다. 고온 자극이 없으면 화성 호르몬의 집적이 충분하지 않아서 화성이 이루어지지 않는 것으로 생각된다.

(1) 화아의 발달에 동반한 영양 변화

화아 형성을 촉진하는 조건인 고온 조건을 주면 탄수화물이 증가하고 질소 화합물이 약간 감소한다. 이 같은 경향은 저온 조건에서 보이기 때문에 발육에 따른 변화로 얻어진다고 할 수 있다. 고온에서 지베렐린을 살포하면 오옥신이 한층 증가하는 경향을 보인다.

(2) 외엽수와의 관련

외엽을 여러 가지로 제거해 화성에 미치는 영향을 조사해보면, 전부 엽을 제거해 줄기만 고온에 놓아두면 화아가 형성된다. 이것으로부터 생장점이 고온의 영향을 받아 화성이 유기된다고 생각할 수 있다. 엽수를 많이 남긴 만큼 화성이 촉진되는 것을 보면 엽이 동화작용을 행하고 줄기 내에서 화성에 필요한 물질이 집적된다고 생각된다. 줄기의 두께가 0.5cm 이하인 경우 고온은 화성에 대해 거의 문제가 되지 않지만 이 시기의 고온 장일은 발육을 촉진하고 고온에 감응하는 크기로 이르는 게 빠르다. 그 후 고온에 감응하기 쉽게 된다.

채종

가. 채종 일반

채종에서 가장 문제가 되는 것은 개화 등숙과 온도와의 관계이다. 일반적으로 고온일수록 개화 시작, 종자 성숙도가 저온일 때보다 빠르다. 주당 채종량은 온도 18~23℃에서 가장 많고, 23~28℃에서는 약간 떨어지며, 13~18℃

의 저온일 때는 적어진다. 따라서 상추의 개화, 결실에 적합한 온도 조건은 18~23℃임을 알 수 있다.

한편 채종기와 개화 및 채종량에 대해 살펴보면 5월 1일에 파종해 평균 기온 18~22℃ 전후인 9월 중순~10월 하순에 개화 등숙기가 되는 경우 가장 채종량이 많았다. 추대 개화기가 장마철에 가까우면 다습에 의해 병이 많이 발생하기 쉽고 수정도 불량하므로 비가림 채종법이 권장된다. 비가림 재배는 노지에 비해 결주가 적고, 수확주율이 어느 것이나 70% 이상을 차지하며, 채종량이 많고 발아율이 양호한 종자가 채종된다. 채종량에 관련된 비료는 질소가 제일이고 다음으로 인산이 좋다. 재배 기간 중에 질소와 인산이 부족하지 않게끔 주의를 기울일 필요가 있다. 칼륨의 영향은 적지만 칼륨이 없는 곳이라면 시비할 필요가 있다. 개화 기간은 길어서 2개월 이상 지속된다. 소량 채종인 경우 계속해서 쌓아간다. 대량 채종일 때는 관모가 열리고 손으로 만져서 탈립하기 시작할 때 채취하며, 7월 정도에 후숙하고 난 후 탈립 정제한다.

특히 결구상추의 효과적인 채종을 위한 방법은 결구엽을 제거해 결구하지 않도록 하는 방법, 결구된 구를 열십자(X)로 잘라주는 방법, 장다리(Seed-Stalk) 형성을 촉진시키기 위해 지베렐린을 50~100ppm을 사용하는 방법이다(그림 3-7). 생육 기간 동안 습도와 질소의 적절한 공급과 온도가 상추의 종자량과 품질에 영향을 미치므로 유의해야 하며, 이것은 수확기까지 신경을 써야 한다.

(그림 3-7) 결구상추의 지베렐린 50ppm
처리 후 모습(본엽 6~7장 때 처리)

(그림 3-8) 상추 개화 모습

나. 수확하는 방법

상추 종자를 수확하는 것에는 2가지 방법이 있다. 하나는 흔드는 방법(Shake Method)이다. 종자가 성숙하는 동안 여문 씨를 떨어지게 하기 위해 용기(Container) 속으로 종자 끝부분을 흔든다. 이 절차는 종자의 손실을 최소화하는 이점이 있다. 이렇게 하면 성숙 시기에 종자가 분리되어 땅으로 떨어지는 것을 방지할 수 있다. 또 다른 방법은 종자 등숙기에 잘라서 후숙시키는 방법이다.

(그림 3-9) 상추 채종 적기 모습

(그림 3-10) 수확해 채종망에서 후숙하는 모습

재배

01 재배 작형

일반적으로 상추 재배는 여러 가지 작형으로 분화되어 있는데, 플라스틱 하우스가 널리 보급되고 만추대성 상추 품종이 육성·보급되면서 작형의 구분이 모호해지며 연중 재배가 이루어지고 있다.

〈표 4-1〉 재배 작형

작형		종자 소요량 (10a)	파종기	정식기	수확기	재식거리 (cm)
잎상추	하우스 재배	80mL	10상~1상	11중~3상	12하~4중	20×15
	터널 재배	80mL	2상~2하	3중~4상	4하~6상	20×15
	조숙 재배	80mL	3상~3하	4상~4하	5상~6하	20×15
	노지 재배	80mL	4상~4하	5상~5중	6상~7중	20×15
	비가림 재배	80mL	5상~5하	6상~6중	6하~8상	20×15
	억제 재배	80mL	8상~8하	8하~9중	9상~10하	20×15
결구 상추	봄 재배	80mL	2상~2하	3상~3하	5하~6상	30×30
	고랭지 재배	80mL	5상~5하	6상~6하	7하~8상	30×30
	가을 재배	80mL	7중~8상	8중~9상	9하~10상	30×30
	겨울 재배	80mL	9중~10상	10중~11상	2월~3월	25×25

노지 재배나 비가림 재배는 고온기인 여름철에 수확하므로 꽃대가 늦게 올라오는 품종을 선택해야 한다. 청상추보다는 적상추 계통이 꽃대가 빨리 올라오므로 여름 재배에는 청상추 재배가 유리하다.

02 파종 및 육묘

상추 종자 저장에 알맞은 온도는 0~4℃가 좋다. 저온에 저장한 종자는 파종 시기에 구애받지 않고 발아가 양호하며 종자 수명도 오래 유지할 수 있다. 반면 여름철에 상온 저장한 상추 종자는 발아율이 크게 떨어진다. 그러므로 상추 종자는 밀봉한 상태로 냉장고 냉장실에 보관하는 것이 좋다.

상추 종자 소요량은 본포 면적 10a당 60mL 내외이며 포장 규격 20mL당 종자는 약 7,500립이다.

육묘상은 햇빛을 잘 받을 수 있고 관수시설이 완비되어야 하며 관리하기에 편리한 곳에 설치한다.

파종은 육묘상을 만들어 6cm 간격으로 작은 골을 내어 파종하는 방법과 플러그 트레이에 육묘하는 방법이 있다. 결구상추는 128공, 잎상추는 200공 플러그 트레이에 육묘하는 것이 관리에 편리하고 모가 고르게 자라며 본밭에 내다 심어도 몸살을 적게 한다.

육묘용 상토는 물 빠짐이 좋고 통기성이 우수하며, 병해충에 오염되지 않고 비료 성분이 고루 함유되어 있는 토양이 좋다. 상추에는 엽채류 육묘 전용 상토를 사용하는 것이 입고병을 예방할 수 있고 튼튼한 모를 안전하게 기를 수 있다.

파종은 플러그 트레이 홀 1개당 3립씩 넣는다. 상추는 광발아 특성을 지니고 있으므로 가급적 얕게 질석으로 복토한다. 파종을 깊게 하거나 복토를 많이 할 경우 발아가 늦어지고 불량해진다.

파종 후 7~10일이 경과하면 모두 발아하는데, 이때 떡잎 모양이 예쁜 것으로 홀당 2본 정도 남기는 1차 솎음작업을 실시하고, 본잎 1~2장 때 홀 1개당 1본

씩만 남기는 2차 솎음작업을 실시한다.

상추 모는 본잎을 4~5장가량 되게 키워 본밭에 심는데, 소요되는 육묘 기간은 계절별로 달라서 봄·가을은 30일, 여름은 25일, 겨울은 35~40일가량 소요된다.

〈표 4-2〉 결구상추 파종 시기별 적정 육묘 일수

파종 시기	육묘 일수	정식묘의 크기
봄·가을	25~35일	본엽 4~5장
여름	20~25일	본엽 3~4장
겨울	35~40일	본엽 4~5장

플러그 트레이 육묘를 할 때 중요한 점은 트레이에서 상추 모종을 꺼내보아 뿌리의 색이 흰색을 띤 것이 뿌리의 활력이 좋은 것이며 황갈색을 띠는 것은 뿌리의 노화 현상으로 인해 모가 노화되었다는 증거로 정식 후 활착이 더뎌서 초기 생육이 불량하다는 것이다.

〈표 4-3〉 여름상추 온도 강하 육묘한 상추 묘생육과 본포 수량(1990, 원예연)

구분	묘 생육				본포수량 (g/주)
	발아 상태	초장 (cm)	엽수 (장)	지상부 무게 (g/주)	
에어컨+터널밀폐	양호	7.4	5.6	0.8	151.8
지하수관류+터널밀폐	양호	10.7	6.6	2.3	238.3
지하수관류	양호	14.6	7.0	5.8	241.6
고설베드	보통	10.4	5.6	1.6	161.7
50% 차광	불량	10.7	5.1	1.4	147.6
대조구	불량	11.2	6.7	3.2	147.6

* 뚝섬적축면 품종 상추를 7월 25일에 파종해 30일간 육묘 기간 온도 강하를 위해 야간에만 에어컨+터널밀폐 처리와 지하수를 묘판 밑으로 흐르게 하고 냉방 효과를 얻기 위해 부직포로 밀폐시킨 처리, 육묘상을 개방한 상태에서 지하수를 모판 밑으로 흐르게 한 처리, 지상에서 60cm 높이에 설치한 육묘상, 50% 흑색차광망으로 차광 처리한 것과 대조구 등 6처리 육묘 성적을 비교한 것임.

육묘 시 모판에 물주기는 하루에 1회 이상 관수를 하되 플러그 트레이 배수 구멍으로 물이 스며들어 나오도록 충분히 관수한다. 관수량이 많을 경우에는 모가 다소 도장해 과번무하게 자랄 수 있으므로 관수량을 잘 조절하고, 특히 육묘 후기에는 관수를 절제해 도장하지 않도록 관리해준다.

고온 장일 조건에서 꽃대가 올라오는 상추의 단경기는 여름철이다. 따라서 여름철은 육묘 기간에만 온도를 강하한 여러 조건에서 상추 묘 생육이 지하수관류 육묘구와 지하수관류+터널육묘에서 양호했고 본포도 높은 수량을 나타냈다.

03 본밭 준비와 정식

상추를 파종하고 나서 곧바로 본밭을 준비해야 한다. 본밭을 갈아 엎고 비료를 넣어 정지 작업을 하는데, 비료가 토양 속에 녹아들어 고루 분포하려면 10여 일의 시간이 필요하다. 따라서 정식 2주 전에 본밭에 밑거름을 주고 이랑을 만들어 두어야 한다.

〈표 4-4〉 잎상추 10a당 시비 성분량(실비량)

구분	비료	계	밑거름	웃거름
노지 재배	질소 (요소)	20.0 (44)	10.0 (22)	10.0 (22)
	인산 (용과린)	5.9 (30)	5.9 (30)	0
	칼륨 (염화가리)	12.8 (22)	6.4 (11)	6.4 (11)
	퇴구비	1,500	1,500	0
	석회	200	200	0
시설 재배	질소 (요소)	7.0 (15)	3.5 (8)	3.5 (7)
	인산 (용과린)	3.0 (15)	3.0 (15)	0
	칼륨 (염화가리)	3.6 (6)	1.8 (3)	1.8 (3)
	퇴구비	1,500	1,500	0
	석회	200	200	0

〈결구상추 10a당 시비 성분량(실비량)〉

04 다양한 재배 방법

일반 재배

가. 봄 재배 기술

상추의 제철 재배는 봄 재배이다. 봄철 기상은 일조량이 많고 주야간의 온도 차가 커서 상추 재배에 가장 알맞을 뿐만 아니라, 봄에 재배한 상추가 맛도 일품이다.

(1) 파종 및 육묘

봄철 시설상추 재배는 파종 시기가 빠를수록 좋다. 무가온 시설 재배인 경우 2월 말 이내에 파종하는 것이 좋다. 봄 재배에 알맞은 품종은 꽃대가 늦게 올라오며 엽색이 녹색이든 적색이든 짙은 색택을 띠며, 잎 표면에 왁스층이 잘 발달해 윤기가 흐르는 것이 좋다. 특히 적색의 경우 색이 선명하지 못하고 바랜 색을 띠는 것은 상품성이 크게 떨어진다. 특히 재배 시기에는 일장이 길어지고 온도가 높아지므로 꽃대가 늦게 올라오는 품종이 높은 수량성을 나타낸다.

봄 재배에서 재식 거리는 18×18cm가 일반적이며 이보다 좁히거나 넓게 심을 수도 있다. 18×18cm로 재식할 경우, 재식 본수는 2만 5,000본의 묘가 필요하지만 육묘 본수는 3만 본을 육묘해야 한다. 따라서 200공 플러그 트레이로 150판이 필요하다. 봄철 육묘 일수는 25~30일가량 소요되며 트레이에서 형성된 뿌리의 매트 색깔은 흰색이 좋다. 황갈색으로 변한 것은 노화 증상이 있는 것이고 정식 후 활착이 더디어 초기 생육이 불량하다.

(2) 본밭 아주심기

상추씨를 뿌리면 본밭에 아주심기 날이 정해진다. 대개 본밭에 상추를 언제 심을

지 결정한 다음, 육묘 일수를 역산해서 상추를 뿌리며 아주심기 2주 전 본밭에 퇴비와 밑거름을 시비하고 경운 정지해 이랑을 만들어 비닐을 피복해둔다. 이렇듯 2주 전에 밭을 만들어 놓으면 밑거름으로 시비한 비료가 토양 속에 잘 용해되어 작토층에 고루 확산되어서 비료해가 없을 뿐만 아니라, 요소태 질소가 식물체 뿌리에서 흡수할 수 있는 질산태 질소로 변화해 정식 즉시 비효를 볼 수 있다. 정식은 가급적 맑은 날을 택해 심는 것이 좋으며 정식 후 물주기는 미지근한 물로 관수하는 것이 좋다.

상추 모종은 얕게 심는 것이 좋다. 상추 모종을 깊이 심게 되면 봄철 흙 온도가 낮아서 활착이 더디므로 흙 온도가 높은 표층에 얕게 심어야 새 뿌리가 빨리 나와 초기 생육이 빠르고 수확기를 앞당길 수 있다.

(3) 본밭 관리

우리나라 봄철 기상은 중국의 황사 영향을 많이 받는다. 황사 현상이 나타날 경우에는 비닐하우스, 온실 등의 출입문과 환기창을 닫아 황사 유입을 막고 외부 공기의 접촉을 가능한 한 차단한다. 노지에 재배된 상추는 비닐 등으로 피복해주고 비닐하우스, 온실 등 농업 시설물 위에 쌓인 황사는 물로 세척한다. 노지에서 재배되는 채소는 즉시 세척하도록 한다.

상추는 봄철에 생육이 가장 왕성하다. 따라서 관수량을 잘 조절해 토양 수분이 건조하지 않도록 관리한다. 상추는 일반적으로 고설식 분수호스를 설치해서 관수하는데, 이때 물을 충분하게 주어 상추 뿌리 층에 물이 고루 흡수될 수 있도록 충분한 관수를 한다. 충분한 관수를 실시하지 않으면 뿌리의 분포도 얕게 분포하고 토양 내 비료 성분을 충분히 활용하지 못해서 생육 또한 양호하지 못하게 된다.

상추의 물 관리는 분수식 물주기가 보편적이나 잎을 생식하는 상추에 분수호스 관수를 하게 되면 흙탕물이 튀어서 잎에 묻으면 상품성이 떨어지게 된다. 따라서 컬러비닐 멀칭을 하거나 점적호스로 관수하는 것이 좋다.

여름철 고온기에 시설 내 온도 상승을 막기 위해 차광을 할 때는 35% 이하의 흑색 차광망을 사용한다. 차광률이 35%를 넘을 경우 상추가 웃자라며 추대가 빨라져서 수량이 떨어지므로 차광망 사용에 유의해야 한다.

봄철 비닐하우스 관리는 다습하지 않도록 관리하는 것이 매우 중요하다. 시설 내

환경이 다습하면 노균병이나 잿빛곰팡이병 등 곰팡이류 병원성 병균의 발병이 조장되므로 환기에 유의하도록 한다.

노지 재배에 비해 시설 재배는 비료를 적게 준다. 노지 재배의 경우 강우에 의한 비료의 유실과 용탈이 많은 반면, 시설 재배는 비를 맞지 않고 제한된 관수를 하기 때문에 비료의 유실과 용탈이 적어서 노지 재배에 비해 비료량을 적게 준다. 웃거름은 정식 후 1개월부터 20~25일 간격으로 2~3회씩 나누어 물 비료를 만들어 유공비닐 속에 분수호스를 넣어 시비한다.

이랑을 만든 후 잡초 방제를 위해 흑색유공 비닐을 피복한다. 상추의 재식 거리는 흑색유공비닐의 규격에 의해 결정되는데 유공비닐 구멍 간격과 10a당 재식 본수는 〈표 4-5〉를 참조하도록 한다.

웃거름을 줄 때, 요소와 염화가리를 물 비료로 주는 방법 대신 질산칼륨(KNO_3)을 물 비료로 만들어 웃거름을 주어도 좋다. 상추 뿌리가 질소질 비료를 NO_3^- 형태로 흡수하기 때문에 질산칼륨을 액비로 만들어 주면 뿌리에서 곧바로 흡수, 이용할 수 있어 시비 효과가 빠르게 나타나고 확실한 시비 효과를 거둘 수 있다. 질산칼륨의 액비는 관수작업과 병행해 시용하며 10a당 질산칼륨 2kg가량을 물 5톤에 잘 녹여서 관주해준다. 액비 시용은 반드시 지상부 상추 잎에 닿지 않도록 시비해야 한다. 고설분수식 관수에서는 액비 시용을 가급적 지양해야 한다. 상추 잎에 직접 액비를 시비할 경우 잎 가장자리에 흰 앙금이 생겨서 잎상추의 상품성을 크게 떨어뜨릴 수 있으므로 반드시 잎에 닿지 않게 시비한다. 관수시설이 미비해 부득이 고설식 관수를 할 경우라면 비료의 희석비율을 추천 양의 4분의 1 수준으로 낮추어 시비해준다. 예를 들면 물 1t당 100g으로 낮추고 시비 횟수를 늘려줄 수도 있다.

〈표 4-5〉 유공 규격별 10a당 재식 주수 조견표

유공 규격(cm)	재식 본수(주)	유공 규격(cm)	재식 본수(주)
15×15	44,000	18×18	30,000
15×18	37,000	18×20	27,000
15×20	33,000	20×20	25,000

나. 여름 재배 기술

여름이 다가오면 모든 상추 농가들에 올여름은 어떻게 지나갈 수 있을까, 여름 재배 시 만나는 장마기와 고온, 다습한 시기를 어떻게 극복할 수 있을까를 생각한다. 여름철에는 다른 시기에 비해 병해충이 많이 발생하고, 품질이 봄, 가을에 비해 형편없이 떨어지며, 추대(장다리)가 일찍 되어 수량성이 떨어진다. 적상추는 색이 엷어지거나 흩어지는 등 적색 발현이 불안정해 제 특성이 나타나지 않아 재배하기 어려운 형편이다. 따라서 주로 여름 재배 상추는 논산 메꽃이에서 유래되어 선발된 청치마 상추가 주류를 이루고 있다.

【품종 선택】

국내에서는 엽형 및 작형별로 다양한 상추 품종이 유통되고 있다. 그러나 여름철 품종 선택이 가장 어렵다. 적상추의 경우 적색 발현이 안 되고 고온에 의한 추대(장다리)가 되어 수량이 많이 떨어지기 때문이다. 여름 재배에서 가장 큰 문제는 고온에 의한 추대(장다리) 발생인데, 품종적으로 추대가 늦은 것을 선택해야 한다. 적상추(적축면, 적치마)는 적색 발현이 잘 안 되어 노지나 비가림 재배의 경우 여름철을 피하게 된다. 그러나 국내 소비자들은 봄, 가을, 겨울에 흔하게 먹을 수 있는 적상추를 선호하는 편이어서 이를 무시할 수가 없다. 일부 앞서 나가는 선도 상추 농가들은 여름철에는 준고랭지(400m 이상) 지역으로 올라가 재배하기도 해 여름철에도 적상추의 생산 출하가 가능하게 만들고 있다. 현재 여름철에 국내에서 주로 많이 재배되는 품종은 녹색을 띠는 청치마로, 이 품종은 대전 지역 토종상추인 메꽃이에서 유래되었다고 알려져 있다. 시판 품종으로는 청치마, 여름청치마, 강한청치마 등 여러 품종들이 여름용으로 시판되며, 국내에서 청축면상추의 선호도는 떨어지고 있으나, 청축면 품종들이 적상추보다 추대가 강해 여름철 재배에 추천할 만하다. 청축면상추는 대개 결구상추의 피가 섞여 있어 육질이 아삭아삭하고 씹히는 맛이 좋아 우리나라 국민에게 맞는 품종으로 판단되지만 아직 소비자 선호도가 떨어지는 형편이다. 최근에 그랜드 래피드보다 추대, 수량성, 맛 및 저상성이 향상된 하청이 고령지농업연구소에서 개발된 바 있다.

구분	형(Type)	품종명
잎상추	적축면	선풍, 선풍3, 미풍, 명품, 뚝섬적축면, 화홍, 진자적축면
	적치마	적치마, 강한적치마, 장수
	맛치마 (자치마)	만풍맛치마, 녹치마, 삼복먹치마, 맛치마, 녹치마, 토말린
	청축면	여름청축면, 하지청축면
	청치마	여름청치마, 만추대청치마, 하청
	쌈용	오크립(청, 적), 바울레드, 롤로로사
결구상추	결구형	유레이크, 만추텍사스그린, 텍사스그린 사크라멘트, 아비, 겨울아비, 살리너스-88
코스상추	로메인	시저스그린, 시저스레드, 만상

〈표 4-7〉 여름철 재배 추천 품종

잎상추	결구상추
여름청치마, 만추대청치마, 여름청축면, 자주적축면, 자홍치마, 선농포찹, 만풍자치마, 여름적치마, 하청, 장수	유레이크, 만추텍사스그린, 아담, 풍성

【여름철 재배 품종 선택】

여름철 상추 생산은 고온으로 인한 추대로 생산량이나 품질이 다른 시기에 비해 매우 떨어지는 편이다. 이러한 점을 극복하기 위해 여름철에는 고랭지를 이용해 재배하는 면적이 점차 증가 추세에 있으며 선도 농가에서는 이미 이 점을 간파하고 몇 년 전부터 고랭지에서 결구상추뿐 아니라 잎상추에도 관심을 가지고 재배해오고 있다. 기존에는 해발 600m 이상 고랭지 지역에서는 채소작물로 무, 배추, 당근 등이 주로 재배되어 왔으나 점차 춘파양파, 파, 대파, 쌈 채소, 산채류(곰취, 곤달비, 참나물, 미역취 등) 및 양채류(결구상추, 브로콜리, 콜리플라워, 향미나리, 피망, 파프리카 등) 등 거의 모든 채소작물들이 고랭지에서 재배, 생산되고 있는 추세이다. 상추도 이와 더불어 재배되고 있으며, 주로 재배 농가의 취향과 종묘상의 공급 종자에 따라 품종이 선택되고 있는 실정이다. 고령지농업연구소에서는 1999년과 2001년 2년에 걸쳐 비교해 여름철 추대가 늦고 수량성이 높아 고랭지 지역 재배 시 알맞은 품종으로 과연 어떤 품종들을 들 수 있는지 살펴본 결과, 잎의 형태에 따라 네 가지(청축면, 청치마, 적축면, 적치마)로 구분하고 수량이 많고 추대가 늦으며 안토시아닌 등 색택 발현이 좋은 9품종을 선발한 바 있다.

〈표 4-8〉 고랭지 여름철 잎상추 선발 9품종의 주요 특성(1999, 2001, 고농연)

구분	품종명	엽색	엽장 (cm)	엽폭 (cm)	추대 소요 일수	상품수량 (kg/10a)
청축면	하지청축면	녹색	16.3	13.1	102	3,670
적축면	삼선적축면 진자축면 화홍적축면	적색	15.3	14.8	61~75	3,760
청치마	청치마 청풍치마 강한청치마	녹색	18.5	11.3	104~139	3,776
적치마	조선적치마 열풍적치마	적색	19.2	10.9	62~116	2,935

※ 경종 개요 : 파종 5월 1일, 정식 6월 1일, 특성 및 수량 조사 7~9월, 재식 거리 20×20cm

【파종】

여름 재배는 종자를 최아시켜 파종하는 것이 유리하다. 종자를 찬물에 6~12시간 정도 담가 수분을 충분히 흡수시킨 후 천으로 만든 주머니에 종자를 담아서 우물이나 기타 선선한 곳(냉장시설을 이용해도 좋다)에 16~24시간 정도 두어 싹을 틔운다. 요즈음 많이 이용하는 200공 플러그에 직파해 서늘하고 통기가 좋은 곳에 놔두어 고온에 의한 발아 불량을 방지해야 한다.

【육묘】

싹이 튼 종자는 모판의 넓이를 1.2~1.5m로 해 6~9cm 간격으로 줄뿌림하거나 흩어뿌림을 한다. 농가에서는 비가림 하우스에서 육묘하는 것이 바람직하며, 유리온실에서는 도장되는 경우가 많아서 피하는 것이 좋다. 씨 뿌린 후 3일 정도 지나 싹이 나오면 차광망을 벗겨주어 햇볕을 받게 해주고 본잎이 2~3장이 되면 너무 밴 곳은 솎아준다. 물은 육묘 상태를 보아 분무호스로 주되 1일 2회 정도로 오전과 오후에 준다. 씨 뿌린 후 20일 정도가 되고 본잎이 3~4장이 되면 아주심기를 하는데, 하우스 내의 광선과 온도를 낮추어 작업이 용이하게 하고 모종이 시드는 것을 방지하기 위해 한여름 평지 재배에서는 차광망을 해준다. 요즈음은 대부분 200공 플러그 트레이를 이용하며, 그 위에 씨가 보이지 않게 흙을 덮어주고 저면관수를 해준다(얇게 하얀 망이나 짚을 덮어주면 효과적이다). 그리고 하우스의 비닐 덮개 위에 차광망(35%)을 설치해 햇볕을 가려줌으로써 온도를 낮추어 준다.

【정식】
잎상추의 경우 심는 간격을 줄 사이 20~25cm, 포기 사이 18~20cm를 기준으로 줄을 맞춰 심는다. 실제 농가에서는 사방 17~19cm 간격으로 다소 배게 심고 있어 병 발생의 위험이 크다. 심은 후에는 잎이 약간만 젖을 정도로 물을 뿌려주고 4~6일 후 뿌리가 활착되면 차광망을 벗겨 햇볕을 쪼여준다. 여름철 고온, 강광이 계속되면 차광망(35%)을 씌어둔다.

【정식 후 관리】
물은 밭의 수분 상태를 보아가면서 1일 1회 정도로 너무 과습되지 않게 조금씩 자주 주고 한낮을 피해서 오후에 주도록 한다.

(그림 4-1) 적축면상추 농가(하남시)

(그림 4-2) 결구상추 재배 농가(대관령)

【여름철 고온기 적상추 재배 시 유의할 점】

상추의 엽색은 적상추의 안토시아닌 색소와 청상추인 엽록소의 일종인 클로로필 함량으로 결정된다. 이 중에서 클로로필은 엽록체에 존재하며 상추의 엽색을 결정한다. 무기원소 중에서 N, Mg, Fe, Cu, Mn 등이 결핍되거나 Ca 농도가 높으면 클로로필 생성이 저해되어 황화 현상이 일어난다.

적상추의 붉은색은 이차 대사산물 중 하나로 안토시아닌 색소인데 안토시아닌 색소 발현은 매우 복잡한 요인에 의해 조절되고 있다. 광 조건은 광합성에 의해 체내 탄수화물을 증가시킴으로써 안토시아닌 생성을 촉진하는 역할을 하고 있으며, 온도 조건을 보면 저온에서 안토시아닌 생성이 촉진되는 것으로 알려져 있다. 질소 양분이 부족하면 체내의 아미노산 합성이 감소해 결과적으로 체내에 탄수화물을 축적시켜 안토시아닌 생성을 촉진한다고 한다. 토양 수분이 부족한 경우에도 불용성 탄수화물이 가용성으로 변해 안토시아닌 생성이 촉진된다.

이와 같이 적상추의 적색 발현은 기상 조건, 토양 조건, 내부의 물질대사 등 다양한 요인에 의해 영향을 받지만 가장 큰 요인은 품종 고유의 유전적 형질이다. 상추 재배에서 적색 발현이 힘든 시기는 고온기인 여름철이다. 여름철에는 어떤 요인보다도 온도의 영향으로 인해 적색 발현이 힘들어지는데, 이를 극복하는 길은 고온기에 적색 발현이 좋은 품종을 선택하는 수밖에 없다. 따라서 우선 고온기에 적색 발현이 우수한 품종을 선택하고 적색 발현이 용이한 여러 가지 요인을 적용시키는 일이다. 상추의 안토시아닌 함량 증가는 무차광과 붉은 광처리로 인해 증가하는 결 과가 있지만 현실적으로는 조절하는 것이 어렵다. 안토시아닌에 관여하는 유전 인자 도입을 통해 증가시키는 방법이 효율적이며 앞으로 이에 대한 지속적인 연구 검토가 필요하다. 상추 재배 시 적색 발현에 미치는 많은 요인 중에는 재배시설에 따른 경향을 분석한 결과, 노지>비가림 하우스>온실 순으로 색택 발현이 좋았으며, 이것은 시설재배에 따른 자외선이 투과되는 정도(PE 200nm 이상, 온실유리 310nm 이상 투과)에 따라 안토시아닌의 발현(Cyanidin-3-malonygucoside)에 차이가 있는 것으로 추정된다. 품종에 따라서도 안토시아닌 발현 차이가 크기 때문에 재배 시 시설 및 품종 선택에 유의해야 안정적인 재배를 할 수 있다.

품종	정식 후 30일			정식 후 40일			정식 후 50일			정식 후 60일			평균
	노지	하우스	온실	노지	하우스	온실	노지	하우스	온실	노지	하우스	온실	
다발적축면	13.5	11.5	5.1	6.9	3	3.7	14.1	15	8.5	12.1	13.9	8.3	9.6
화홍적축면	47.1	37.6	18	14.7	5.2	2.4	21.1	31.6	7.1	40.6	49.4	9.7	23.7
뚝섬적축면	16.5	9.7	6.4	6.8	3.9	4	10.4	9.7	5.8	15.4	9.5	4	8.5
AQ46	6.2	4.7	5.5	3.2	4.1	4.6	8.7	9.1	7.5	10.5	14.3	6.1	7.0
여름청축면	4.9	4.5	5.5	3.4	5	5.3	5.5	6.3	6	6.6	7	4.9	5.4
평균	17.6	13.6	8.1	7.0	4.2	4.0	12.0	14.3	7.0	17.0	18.8	6.6	10.8

【수확】

여름철 잎상추는 정식 후 25~30일경부터 수확이 가능하며 정식한 묘가 활착되어 왕성한 생육을 보이기 시작하면 겉잎부터 차례로 뜯어 수확하거나 큰 것부터 솎아서 수확한다. 우리나라의 경우 쌈문화로 인해 잎을 하나씩 수확하며 크기는 폭 5~6cm, 길이 15~18cm 정도로 손바닥보다 작은 크기를 가장 선호한다.

결구상추 수확기 판정은 결구의 충실도에 따라 결정하지만 품종이나 작형에 따라 다소의 차이가 있다. 여름 재배는 정식 후 45~50일 정도에 수확을 실시하며 보통 1회에 전부 수확하는 것이 아니라 결구 정도에 따라 3회 정도로 나누어 수확한다. 여름철 고랭지 결구상추의 생산성은 최근 4개년간 가격 경향을 조사한 결과 7월, 8월 및 9월의 가격이 높게 형성되어 이 시기가 다른 시기보다 경제성이 높다고 볼 수 있다.

따라서 이 시기에 맞추어 생산하기 위해서는 5월 15일에 파종했을 경우 파종 후 62~67일 후이고, 6월 15일 파종은 69~72일 그리고 7월 15일 파종 시에는 67~72일 후 수확 가능해 5월 중순~7월 중순에 파종해야 한다. 노지 재배가 비가림 하우스 재배보다는 높은 수량을 나타내고 있는데, 비가림 재배는 고온에 의한 추대로 품질과 수량성이 떨어지기 때문이다. 출하를 위해서는 재배지에서 직접 포장 상자에 넣는 방식을 많이 이용하고 있으며 보통 한 상자에 12개씩 출하되고 있다. 여름철 결구상추 재배는 전체 정식량의 60% 정도만 수확될 정도로 수량성이 안정되어 있지 못하고 생육이 고르지 못해 일시에 모든 주를 수확할 수 없는 경우가 많으므로 주의한다.

(그림 4-3) 결구상추 수확 모습

(그림 4-4) 출하 박스에 담긴 모습

【저장】

잎상추는 거의 저장이 되지 않고 바로 유통되고 있지만, 결구상추의 경우에는 최근 미국 등 몇 나라에서 저장 기술이 크게 발달되어 있다. 즉 재배지에서 수확 직후 상자에 넣어 감압 상태에서 냉각시켜 냉동시설을 갖춘 트럭에 실어 장거리 수송을 한 후 소비지 근처에서 계속 저온다습(1~2℃, 상대습도 95%)한 상태로 저장하면 수확 후 20일까지는 시판에 지장이 없을 정도의 품질을 유지할 수 있다고 한다. 우리나라도 이와 같은 콜드 체인 시스템(Cold chain system)이 하루 속히 작목반 위주로 정착될 필요가 있다.

현재 우리나라에서 실용화되고 있는 방법으로는 수확한 결구상추를 크기별로 선발해 자체 접착성이 있는 얇은 플라스틱 필름으로 개개의 결구상추를 포장하는 것이다. 이 방법은 상추가 돋보이고 시드는 것을 방지함과 동시에 운반과 취급에 따른 기계적인 상처를 줄일 수 있으므로 효과적이다. 평창에 위치한 대관령원협에서 시도되고 있는, 결구상추를 파쇄해 샐러드나 햄버거용으로 이용하는 최소 가공을 통해 새로운 소비 창출과 수출을 시도하고 있다.

다. 가을 재배 기술

【품종의 선택】

상추 품종의 선정은 재배 시기나 재배 지역의 환경, 출하 시장의 기호성 및 재배할 토양 상태 등을 고려해서 선정해야 한다. 저온기 재배 시에는 초기 생육이 왕성하고 엽수 분화가 많은 것이 좋고, 고온기 재배 시에는 내서성이 좋고 적상추의 경우 고온하에서도 자색 발현이 우수하며 추대가 안정된 품종을 선정하는 것이 좋다.

【육묘】
○ 상토
육묘용 상토는 입고병 방지를 위해 미리 소독된 흙이나 새 흙을 사용하도록 한다. 파종용 육묘 상토는 비료가 너무 많으면 발아에 장해가 되므로 대개 본포의 10% 정도를 시비해야 하고, 토양의 산도는 pH 5.8~6.6 정도여야 한다. 최근에는 여러 종류의 원예용 육묘 상토가 보급되어 있어 이를 이용하면 편리한데, 상토 내에 병원균이 적고 토양 산도가 적절히 조절되어 있어서 보습력이나 물 빠짐이 적당하고 작물이 생육하는 데 좋다. 반면 상토에 따라 비료분이 부족한 것은 육묘 과정에서 엽면시비를 통해 관리한다.

○ 파종
파종상의 온도는 20℃ 전후가 적당하다. 25℃ 이상의 고온에서는 발아율이 떨어지고 초기 생육에도 지장을 많이 준다. 파종 시 종자를 침종해 최아시킨 후 파종하면 발아가 균일해진다.
파종량은 10a당 약 2dL로, 실면적 10평 정도면 충분하다. 파종은 조파(줄뿌림)를 하고, 복토는 얇고 균일하게 하며 복토가 균일하지 못하고 두꺼우면 발아가 고르게 되지 않는다. 파종 후 관수 시 고온기에는 지하수를 이용해 하면 발아에 적당한 온도를 확보할 수 있어서 발아율이 좋아진다. 플러그 육묘용 트레이와 상토를 이용해 육묘하면 정식 등의 작업이 편리하고 정식 후 활착이 빠르며 가식을 하지 않는 장점이 있다. 파종상을 이용한 육묘 과정에서 가식은 본엽 1.5~2장 시 실시하며, 가을 재배에서와 같이 고온기 육묘 시에는 15~20일이 소요된다. 육묘상이 너무 과습하거나 건조하면 엽고병이 발생하기 쉬우므로 다이센M-45를 400배로 희석해서 2~3차례 살포해주고 주간 온도를 너무 높이지 말고 평균 15~20℃를 유지하는 것이 좋다.

(그림 4-5) 상추 고온기 육묘 시 발아 불량 사례

【정식 및 관리】

본엽이 5~7장 전개되었을 때 정식하며, 잎상추의 재식 거리는 18~20cm 정도가 알맞고 결구상추는 25~30cm가 적당하다. 상추는 실뿌리가 많지만 약한 편이어서 묘를 단단하게 육묘해 뿌리를 많이 붙여 정성 들여 취급해야 정식 후 회복이 빠르다. 고온기에는 정식 후 3~4일 정도 차광해주면 활착에 도움이 된다. 정식 후에는 추비와 함께 관수를 철저히 해주어야 한다. 너무 건조하면 엽의 발육이 억제되고 다습하면 습해를 받기 쉬우므로 적습 유지가 중요하다. 특히 결구상추는 생육 후기의 관수가 수량에 큰 영향을 끼친다. 갑작스러운 저온, 고온, 건조, 다습, 다우 등 이상기후에 의해 생리 장해 및 병해가 나타날 수 있으므로 재배에 유의해야 한다.

고온과 장일이 계속되면 조기 추대가 발생해 수확 기간이 짧아지고 생산량이 적어짐과 동시에 품질은 떨어진다. 따라서 재배 도중 고온으로 인한 추대의 위험이 있을 때는 단일 처리 또는 한랭사나 발 등으로 일광을 차단해주는 것이 추대를 다소 억제시킬 수 있다.

【시비】

상추는 생육 기간이 짧고 뿌리가 잘 발달하지 않으므로 밑거름을 충분히 주어야 하며, 완숙된 퇴비를 시용하도록 한다. 점질토양에서는 양토 또는 사질양토에서보다 시비량을 줄인다. 특히 질소와 칼륨 성분을 절반 정도로 줄여서 시비를 한다.

추비는 정식 후 15일경 뿌리가 완전히 활착된 후부터 수확 전 20일경까지 10a당 3~5kg의 요소를 2~3회에 걸쳐 시비한다. 수확 전 10~15일경부터는 요소를 0.5% 정도로 물에 타서 2~3일 간격으로 약 3회 살포해주면 잎의 색깔이 진해지고 상품 가치는 높아진다.

상추의 쓴맛은 햇빛이 강한 여름이나 관수가 불충분할 때, 또는 추대하기 전에 강해진다. 재배 시 각종 비료 성분의 불균일한 시비나 질소 비료의 과다 등으로 인해 쓴맛을 촉진시킬 수 있다. 결구상추는 인산질이 부족하면 결구가 잘 되지 않고 칼륨질이 부족하면 불완전 결구가 되므로, 질소질 비료 외에 인산과 칼륨를 반드시 함께 사용하도록 한다. 질소질 비료를 과다 사용할 경우 줄기썩음병이 많이 발생한다.

【수확】

잎상추는 정식 후 30일경부터 수확이 가능하다. 정식한 묘가 활착되어 왕성한 생육을 보이기 시작하면 겉잎부터 차례로 뜯어 수확하거나 큰 것부터 솎아서 수확한다. 결구상추도 정식 후 45~50일경부터는 수확기에 도달하는데, 결구한 것부터 차례로 수확한다. 수확기를 늦추면 추대의 위험이 크고 쓴맛이 증가하므로 적기에 수확해야 한다.

라. 겨울 재배 기술

【파종 및 육묘】

파종상 온도는 20℃ 정도가 적당한데, 저온(8℃ 이하)에서는 발아율이 떨어지고 지나치게 저온(0~4℃)에서는 전혀 발아하지 않으므로 주의한다. 따라서 발아를 일정하게 하고 생육 상태가 좋은 우량 묘를 육성하기 위해선 온상을 설치해 육묘하는 것이 바람직하다. 증발량이 적은 겨울 재배 육묘에서는 과다한 관수로 인해 엽고병이 발생하는 원인이 되므로 주의하고, 육묘상 온도를 평균 15~20℃로 유지할 수 있도록 환기 관리에 유의해야 한다. 대규모 재배를 할 때 파종 작업은 기계화·자동화할 수 있는 플러그 트레이를 이용하는 것이 좋다. 트레이 셀의 크기는 생육에 많은 영향을 미친다. 셀이 크면 육묘 일수나 거름 양 등이 같은 조건이더라도 묘가 더 크다. 보통은 200공의 트레이를 이용하면 관리하기 용이하고 묘소질이 우수해 정식 후 활착이 양호하다. 겨울 재배를 할 경우 온도가 낮은 시기이므로 다른 계절에서 사용하는 것보다 다소 큰 모종을 기르도록 한다. 또한 다른 계절에 비해 일사량이 적고 기상 조건이 나쁘기 때문에 재배 환경 중에서도 광 환경을 개선할 필요가 있다. 작은 면적에 밀식, 집약 관리하기 위해서는 보광 육묘를 하면 좋다. 보광은 백열등, 나트륨등을 광원으로 해 8,000Lux 정도의 밝기로 12시간 정도 하면 된다.

【정식】
정식 적기는 본엽이 4~5장일 때이다. 터널 재배의 경우 120cm 정도의 이랑에 5~6줄을 심고, 배수가 나쁜 점질토양에서는 이랑을 높게 해서 70cm 이랑에 2줄씩 심는다. 포기 사이는 25cm 정도가 알맞다. 정식 시 주의할 점은 상추는 실뿌리가 많고 약한 편이므로 뿌리를 많이 붙여 정성 들여 취급해야 정식 후 생육이 빠르고 좋다. 묘를 깊지 않게 심어 즉시 물을 주는 것이 활착률이 좋다. 저온기이므로 생육 촉진과 잡초 방제를 위해 흑색멀칭을 해주어야 한다.

【거름주기】
상추는 생육 기간이 짧고 뿌리가 잘 발달되지 않으며 멀칭 재배를 하기 때문에 밑거름 위주로 거름주기를 한다. 퇴비, 석회 등의 밑거름은 정식 10일 전에 주고, 웃거름은 정식 후 15일부터 2~3회씩 준다. 생육 상태에 따라 요소 0.5%액을 살포해주면 잎의 색깔이 진해져서 상품 가치를 크게 높일 수 있다. 질소는 수량과 관련이 높지만 과다하면 결구상추의 경우 줄기썩음병이 많이 발생한다. 내한성을 증대시키고 결구를 돕기 위해 칼륨 비료를 충분히 준다.

【재배 관리】
○ 수분 관리
상추는 수분 요구량이 많은 편이며, 겨울 재배에서는 토양 수분이 크게 문제되지 않고 맑은 날이 계속되거나 겨울철 이상 난동 현상이 있을 때에만 수분 요구량이 많아지므로 관수에 유의한다. 보온을 위해 이중 피복을 한 경우라면 다습하지 않게 하고, 기온이 상승해서 환기를 자주 할 때라면 건조하지 않게 주의한다. 결구상추는 생육 후기에 관수를 해주면 효과가 크며 충분한 관수로서 쓴맛을 적게 할 수 있다. 관수 방법으로 분수관수를 주로 사용하는데, 흐린 날이나 오후 늦게 관수해 시설 내 온도가 낮아지지 않도록 주의한다.

○ 탄산가스

탄산가스(CO_2)는 작물의 필수 원소 중 탄소(C)의 공급원으로 광합성의 주재료이다. 공기 중에 함유되어 있는 탄산가스의 농도는 일반적으로 350ppm 정도이다. 그러나 하우스처럼 밀폐된 공간에서 작물을 재배하면 탄산가스 부족 현상이 나타난다. 탄산가스가 부족하면 광합성이 억제되고 작물의 생장이 둔화되어 수량이 감소한다. 하지만 부족한 탄산가스를 공급해주면 작물의 생장을 촉진시킬 수 있다. 과채류인 고추, 토마토, 오이에 시용했을 때 무처리에 비해 초장, 엽수, 생체중이 증가하는 효과를 보이고, 엽채류인 쑥갓에도 효과가 있는 것으로 보고되어 있다. 상추는 맑은 날에는 1,000~1,500ppm, 흐린 날엔 500~700ppm 정도로 시용하는 것이 좋다. 공급 시기는 광합성의 능률과 관련이 있다. 작물은 오후가 되면 잎의 수분이 감소하거나 광합성 생성물이 축적되기 때문에 오전에 광합성 능률이 높다. 따라서 광합성을 촉진시키기 위한 탄산가스 시비는 아침에 하는 것이 좋다. 탄산가스의 공급 방법은 환기에 의한 방법, CO_2 발생기, 유기물 시비 등 여러 가지 방법들이 있는데 각각 장단점이 있으므로 가격, 조작 편리성, 안정성 등을 고려해서 선택하도록 한다.

【보·가온 및 수막시설】

○ 보온 관리

무가온 시설에서는 낮 동안 태양열을 시설 내에 축적했다가 야간에 축적된 열을 방열해 보온이 이루어진다. 그러나 날씨가 흐리거나 눈 또는 비가 오는 날에는 방열만 계속되므로 시설 내의 기온이 떨어지게 된다. 그런데 외피복면에서 방열이 지나치게 많으면 시설 내 온도가 외부 기온보다 낮은 '기온의 피복 역전 현상'이 일어나기도 한다. 피복역전 현상은 소형 비닐 터널에서 발생하기 쉽다. 따라서 부직포나 알루미늄 증착 부직포를 이용해 커튼을 설치하거나 북서쪽이 개방되어 있는 시설물은 방풍벽을 설치하도록 한다. 보온 자재를 이용하는 방법 가운데 유공+부직포 터널을 설치하는 것이 있는데, 이 방법은 노력이 많이 든다는 단점이 있지만 수량 증대를 꾀할 수 있는 장점도 있다.

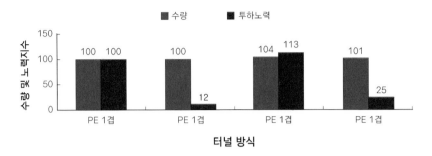

(그림 4-6) 상추 무가온 시설 재배 시 터널 방법에 따른 수량 및 투하 노력 비교

※ 피복 재료 : 흑색 비닐, 정식기 : 2월 5일
※ 유공 규격 : 두께 0.03mm×폭 180cm, 간격 25×50cm, 직경 4cm

또 다른 방법으로는 부직포 증착 폴리에틸렌 피복재를 이용하는 것이 있다. 이 자재는 내부에는 m^2당 40g의 친수성을 가진 부직포를 사용하고 외부에는 0.05mm의 폴리에틸렌 필름으로 제조한다. 제조 비용이 다소 들기는 하지만 피복 노력을 절감할 수 있고 저온기 상추 재배 시 터널 내의 습도를 낮추어 수량을 증대하는 데 도움이 된다. 이 피복재는 부직포 부분이 터널 내부로 향하도록 해야 한다.

〈표 4-10〉 저온기 무가온 터널 재배 시 터널 피복재에 따른 상추 생육 및 터널 피복 노력 절감 효과

피복재 종류	엽수 (장/주)	수량 (kg/10a)	피복소요시간 (분/10a)
비닐+부직포 피복재	27.1	2,624	87
부직포 증착 폴리에틸렌 피복재	34.9	2,806	56

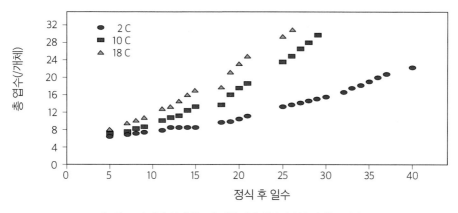

(그림 4-7) 야간 설정 온도에 따른 생육 일수별 상추의 엽수 변화

한편 상추를 수경 재배하는 경우 양액의 온도를 20℃로 유지해주면 증수한다고 알려져 있다. 시설 내의 야간 온도는 10℃ 정도로 유지하는 것이 경제적이다.

【가온 난방 관리】

겨울철 가온 재배 시 난방 연료의 95%가 유류를 사용하고 있어서 생산 비중에서 연료비가 차지하는 비중이 높다. 따라서 난방 효율 증진을 위한 관리 요령으로 우선 온풍난방기 청소에 따른 난방비 절감을 들 수 있다. 다년간 사용한 온풍난방기는 연소로와 열교환기에 일정한 두께 이상의 그을음이 생겨 열교환 효율이 떨어진다. 온풍으로 변환되는 열량이 크게 감소되고 온풍으로 공급되는 열량이 초기 80% 이상에서 점차로 줄어들어 많게는 60%까지 감소한다. 분진제거(청소) 방법은 소형 이동식 에어콤프레서를 이용해 온풍난방기의 버너를 분리하고 버너와 노즐을 에어콤프레서로 청소하며 연통을 분리해 배기가스 토출구에 낀 그을음을 제거한 후 다시 조립해 가동하면 열효율이 약 63%에서 81%로 크게 증가함으로써 약 18%의 난방비 절감 효과를 얻을 수 있다. 둘째로는 온풍난방기용 이중닥트를 제작·설치한다. 온풍난방기에 일반적으로 사용되는 닥트는 난방기에서 멀어질수록 온도 편차가 커서 열효율이 떨어지고 작물의 생육이 고르지 못하게 되어 수량이 떨어진다. 온도 편차를 줄이고 난방에너지를 절감하기 위해 닥트를 이중 구조로 개선하고 열 분배를 합리화한 장치이다. 안쪽 닥트는 직경이 50~55cm인 것을 사용해 온풍기 토출구에 안쪽 닥트를 고정하고 13m 간격으로 온풍기에서 가장 가까운 곳에서 7cm, 중간 지점에서 15cm, 가장 먼 곳에서 35cm 크기로 구멍을 뚫는다. 바깥쪽 닥트는 70~75cm 직경에 2~3m 간격으로 직경 10cm 크기의 구멍을 뚫어 사용하면 일반 닥트에서는 13~15℃ 편차가 생기지만 이중닥트를 설치하면 3~4℃밖에 차이 나지 않아 난방비는 13% 절감되고 수량은 18% 증수한다.

【수막시설】

수막시설은 상추와 같은 저온성 엽채류를 재배하는 무가온 단동 비닐하우스에 이용된다. 수막시설을 하려면 지하수 온도가 15℃ 이상이고 지하수량이 풍부하면서 염분, 철분, 모래 등이 적어 수질이 좋은 지역이어야만 사용이 가능하다. 지하수 온도가 16.3℃인 물을 10a당 1분간 234L를 뿌려주면 외기 온도가 영하 6.3℃일 때 하우스 내 온도가 12.8℃ 유지된다. 그러나 수량 등 다른 여건은 좋으나 철분이 과다한 지역에서는 이중커튼에 권취식 개폐장치를 달아 낮 동안에는 열어두어 햇빛이 들게 하고, 밤에는 내려 닫아서 수막장치를 가동한다. 지하수량이 적은 지역에서는 수막을 형성하고 버려진 물을 집수통에 모아두면 재사용이 가능하다. 이때 경유 또는 전기보일러를 이용해서 물을 데워 재사용하는 기술이 개발되어 실용적으로 이용되고 있다.

【수확】

수확 작업은 왕성한 생육을 보이기 시작하면 겉잎부터 차례로 따 수확하며 병든 포기나 잎 등을 바로 제거해 다른 포기로 전염되는 것을 막는다. 정식 후 30일경부터는 수확이 가능하며 이때 잎의 크기는 12~15cm 정도일 때가 적당하다. 수확 주기는 약 15일 간격으로 실시한다.

수경 재배

수경 재배의 경우 초기에는 담액수경 방식을 많이 이용했으나, 1990년대부터 박막수경이 주류를 이루었고 대부분 스티로폼을 성형해 제작한 재배상을 이용한다. 하남시 등 도시 근교의 일부 농가에서는 고형배지를 이용해 재배하기도 한다. 최근에는 인공광형 식물공장을 이용한 상추의 생산에 관한 연구도 활발히 진행 중이다.

가. 박막 재배(NFT : Nutrient Film Technique)상의 특징

박막 재배 방식은 양액의 순환이 순조롭게 이루어지고 뿌리에 산소를 원활하게 공급할 수 있는 방식이다. 잎채소의 경우 재배상의 폭을 1~1.2m 정도로 하고(시판 제품의 경우 폭 60cm 규격), 60~70cm 정도의 높이로 설치해 작물의 재배 관리가 편리하도록 조절할 수 있다. 베드의 경사도는 1/25~1/125 정도이면 무난하지만 작업의 편의성을 감안해 1/60~1/80로 하는 것이 좋다. 베드의 길이는 급액량에 따라 다르나 분당 2~4L 정도의 양액이 공급될 경우 25m 이내이면 생육 및 수량 차이가 거의 없다.

나. 씨 뿌리기

고형배지경의 경우 상토, 훈탄 또는 버미큘라이트를 128공 규격의 플러그 모판에 담아 씨를 뿌린 후 본잎이 2~3장 정도 나왔을 때 재배상에 아주심기를 한다. 박막재배나 담액수경의 경우 육묘용 우레탄 스펀지에 씨를 뿌려 잎이 2~3장 정도 나왔을 때 스티로폼 정식판에 아주심기를 한다. 한편 상추 씨앗은 빛이 있어야 싹이 트기 때문에 씨앗을 뿌린 후 너무 두껍게 흙을 덮으면 싹이 잘 나지 않으므로 3mm 정도의 두께로 흙덮기를 한다.

다. 모종 기르기

모종 기르기는 작물 재배 중 가장 중요한 과정이라 할 수 있다. 상추의 씨앗이 싹을 틔워서 정상적인 생육을 유지할 수 있는 온도 범위는 15~25℃이다. 온도가

30℃ 이상으로 높아지거나 8℃ 이하로 낮아지면 싹이 잘 트지 않는다. 싹이 튼 후 온도가 올라가면 꽃눈이 분화되고 꽃대가 자라서 상품성이 없어지기 때문에 여름 재배의 경우 기온 및 양액의 온도를 상추의 생육에 적합한 범위로 낮추어 주어야 정상적인 생육을 유지할 수 있다.

라. 아주심기

고형배지경의 경우 플러그 육묘판에 기른 상추 묘를 본잎이 2~3장 나왔을 때 뽑 아서 재배상의 배지에 심으면 되지만, 박막 재배의 경우에는 스펀지에 씨를 뿌려 기른 묘의 본잎이 2~3장 정도 나왔을 때 스티로폼 정식판의 정식 구멍에 아주심 기를 한다.

마. 상추 재배에 적합한 배양액의 종류

상추 재배용 배양액의 종류는 여러 가지가 있으나 배양액의 농도와 pH, 온도 등이 복합적으로 상추의 생육에 영향을 끼치기 때문에 표에 나타낸 양액 중 하나를 선 택해 재배하면 재배상의 문제는 거의 없고 수량 차이도 그다지 많이 나지 않는다.

〈표 4-11〉 상추 재배용 배양액의 종류

배양액의 종류	성분별 농도(mg/L)					
	NO_3-N	NH_4-N	P	K	Ca	Mg
야마자키액	84	7	15	156	40	12
원예원액	224	16	53	352	84	24
서울시립대액	166	–	31	276	182	49

바. 양액의 관리

(1) pH

작물의 생육에 적합한 배양액의 pH는 6 내외이다. 작물을 재배하다 보면 이 범위 를 벗어나는 경우도 있으므로 인위적으로 조절해야 한다. 대부분의 원예작물은 생 육 초기에 pH가 올라가고, 후기에는 낮아진다. pH가 지나치게 높은 경우에는 산 성 시약으로, 낮을 경우에는 알칼리성 시약으로 산도를 적당하게 조절해야 한다.

〈표 4-12〉 양액의 산도와 상추의 생육

양액의 산도	엽수	엽면적(cm²)	생체중(g/주)	건물중(g/주)
4.0	16	413	24.02	1.68
5.0	16	857	51.48	3.34
6.0	18	1,952	115.68	6.82
7.0	17	1,174	70.96	3.75

(2) 농도

포기상추의 경우 재배 기간이 25~30일 정도밖에 안 되므로 웃거름을 주지 않고도 재배할 수 있지만, 잎상추는 재배 기간이 길기 때문에 웃거름을 몇 차례 주어야 한다. 일반적으로 웃거름은 줄어든 배양액의 양만큼 물을 공급한 후 그 물에 해당하는 만큼의 비료를 주면 되지만 양액의 농도에 따라 조금씩 차이는 있다. 미량원소는 10~15일에 한 번씩 주기적으로 공급해야만 결핍증 없이 작물이 잘 자랄 수 있다. 계절에 따라 배양액의 농도도 각기 달리해야 하는데, 기온이 높고 햇빛이 강해서 수분의 흡수량이 많은 봄, 여름에는 표준액의 3분의 2~4분의 3 정도의 농도로 공급하고 나머지 계절에는 표준액을 공급한다. 배양액의 완전 교체는 웃거름을 3~4회 주었거나 산도의 변동이 심해 산이나 알칼리성 시약으로 조정을 해도 다시 변할 때와 병원균에 감염되었을 때 하면 된다.

〈표 4-13〉 양액의 농도와 상추의 생육

양액 농도 (mS/cm)	엽수 (장/주)	엽장 (cm)	엽폭 (cm)	생체중 (g/주)
1.0	16	14.2	13.15	61.52
1.5	17	15.2	13.30	80.40
2.0	18	18.4	16.58	118.30
2.5	18	18.5	16.52	111.79
3.0	17	16.3	15.67	71.81

(3) 온도

배양액의 온도는 20~25℃가 적당하다. 그러나 여름에는 액온이 높아지고 겨울에는 낮아지므로 이에 따른 조절이 필요하다. 액온이 낮으면 온수 보일러를 이용해 온도를 높일 수 있는데, 온돌용 호스를 배양액 통이나 재배상의 배양액에 담기도록 배열하고 그곳에 따뜻한 물을 흘려보내면 액온이 높아진다. 여기에 자동온도조절기와 전자밸브를 설치하면 원하는 온도를 유지할 수 있다. 액온이 높을 경우에는 낮추어 주어야 하는데, 이때는 온수를 흘려보냈던 호스에 차가운 지하수를 통과시켜서 낮추면 된다.

(4) 용존산소
원예 작물이 최소한의 생육을 유지하려면 배양액에 적어도 5ppm 정도의 산소가 녹아 있어야 하며, 정상적으로 자라려면 그보다 높아야 한다. 그러나 양액 온도가 20~25℃일 때 용존산소의 양은 아무리 많아야 8~9ppm 정도밖에 안 되므로 배양액의 순환 시간을 늘려서 용존산소의 양을 조절해야 한다.

기능성 향상 재배

가. 자외선 조사에 의한 상추의 비타민E 증가

자외선은 식물의 생육, 꽃이나 과실의 착색, 병해충 발생 등에 영향을 미치는 것으로 알려져 있으며 식물의 종에 따라 다양한 반응이 나타난다. 가지나 딸기의 착색 불량, 딸기와 상추의 회색곰팡이병, 오이 균핵병의 억제 등이 자외선의 효과로 잘 알려져 있다.

한편 당근, 토마토, 오이 등에서는 자외선을 제외하면 생육이 촉진되는 것으로 보고되었지만 연구자나 재배 시기, 환경 등에 의해 다른 결과가 얻어지는 경우를 볼 수 있다. 자외선이 작물의 생리와 생육에 미치는 영향에 관한 많은 연구가 이루어져 왔고 작물별로 상대적인 감수성도 비교되었다. 그러나 자외선 처리에 의한 작물의 성분 변화에 관한 연구는 거의 이루어지지 않고 있다. 이뿐 아니라 점차 고령인구가 증가하고 건강 유지에 대한 관심도가 높아짐에 따라 녹황색 채소 등 보건식품의 소비 욕구는 나날이 증가되고 있다.

(1) 자외선 이용 방법과 결과
  상추, 쑥갓, 시금치에 정식 후 30일부터 일주일 동안 UV-B(280~315nm : 상대자외선량 2.1~3.5mW/cm^2)를 5, 10, 20분으로 하고 조사 높이는 30cm

간격으로 1회/일 조사한 결과 상추는 UV-B의 처리 시간이 길수록 생육이 저조했다〈표 4-14〉. 초장은 20분 처리에서 17.5cm로 가장 작았다. 오이, 토마토 유묘에 UV-B를 조사한 결과 오이는 48시간, 토마토는 72시간의 건강선용 형광등(UV-B)에서 배축의 신장을 가장 많이 억제한다는 보고와 비슷한 경향이었다. 생체중과 건물중은 20분 처리에서 각각 7.3g, 0.66g으로 가장 적었고, 엽면적 또한 가장 작았다. 그러나 엽록소의 함량은 처리 시간이 길수록 증가했다.

〈표 4-14〉 자외선 조사 시 상추의 생육 특성

처리	초장 (cm)	엽수 (개)	엽장 (cm)	엽폭 (cm)	생체중 (g/주)	건물중 (g/주)	엽면적 (cm²/주)	엽록소 (SPAD unit)
대조구	19.5b	11.8a	15.5b	5.9	8.9b	0.8b	1,060.0b	21.1a
5분	18.2a	12.5b	14.8a	5.6	8.4ab	0.76ab	1,052.8a	21.6a
10분	17.9a	12.3b	14.5a	5.6	8.1ab	0.73ab	1,050.2a	22.1a
20분	17.5a	12.3b	14.4a	5.4	7.3a	0.66a	1,040.3a	22.6a

70여 종의 식물 중 약 60% 이상이 자외선 조사로 인해 엽면적 감소와 잎 두께의 증가를 보였는데 특히 콩, 옥수수, 수박, 오이 등이 크게 감소했고, 감수성이 높은 식물은 약 60~70%의 엽면적 감소를 보였다고 했다. 무, 콩, 강낭콩, 오이, 수박 등은 비교적 감수성이 큰 데 반해 벼, 보리 등 단자엽 식물류와 해바라기 등이 둔감해 식물 종 간 UV에 대한 감응성 차이가 있는 것으로 보고되었다. 이러한 현상은 UV-B에 대한 식물의 적응 반응으로 생각되며, UV-B 조사에 의해 잎이 두꺼워짐에 따라 표피 세포 밑의 세포군에 UV-B 도달량이 줄어 정상적인 세포의 역할을 영위할 수 있게 해주기 때문으로 생각된다. UV-B의 영향 중에서 가장 많이 연구되고 있는 광합성은 UV-B 조사에 의해 감소하지만, 광합성에 필요한 광을 흡수하는 데 중요한 역할을 하는 엽록소는 오히려 증가한다고 보고했다. 기본적으로 엽록소의 함량은 UV-B의 광도 차이에 따라 좌우될 뿐 아니라, 식물의 종, 실험 조건에 따라 변이도 커진다. 기존의 엽록소는 UV-B에 대해 안정적인 데 비해 새롭게 합성되는 엽록소는 UV-B 조사의 영향을 받기 쉬운 경향을 보이기 때문에 반응이 각각 다른 것으로 보고되고 있다. 잎은 동화기관으로, 생장이 저하되면 식물 전체의 생육이 저조해진다. 식

물의 생육과 UV-B 조사와의 관계는 3가지로 분류된다. UV-B 조사 시 생육에 상당한 영향을 받는 작물은 감수성 작물로서 주로 오이, 토마토, 당근 등이 속하며 중간의 감수성은 벼, 보리, 감자 등이며 저항성 작물은 가지, 양배추, 셀러리, 아스파라거스, 양파 등이 속한다. 시금치는 일반적으로 감수성 작물로 분류되지만 본 실험에서는 생육의 차이가 없는 것으로 나타나 품종 및 재배 조건 등에 따라 반응 정도가 달라질 수 있으며 특히 UV-B 조사 시 광합성 유효 방사가 강한 경우에는 좋은 효과를 얻을 수 있고 오히려 약하면 영향을 미치지 못하는 것으로 보고되었다. 다양한 환경 및 재배 조건에서 깊이 있는 연구가 필요할 것으로 보인다.

〈표 4-15〉 상추에 자외선 조사한 후 비타민C 및 토코페롤 함량의 변화

처리	비타민C(mg·100g⁻¹)	토코페롤(mg·100g⁻¹)
대조구	6.0c	0.6c
5분	7.2b	1.3bc
10분	7.7b	2.5b
20분	9.8a	4.9a

Ascorbic acid의 함량은 처리 시간이 길수록 증가했다. 20분 처리구에서 $9.8mg·100g^{-1}$으로 대조구보다 1.6배 증가했다. 이는 UV-B 증가에 의한 활성산소 생성과 그로 인한 산화 방지를 위한 식물의 생화학적인 방어 반응으로 생각된다. UV-B의 증가는 식물의 개화 시기, 기간 등에 영향을 미치며 특히 과실의 색소 합성에 관여하는 것으로 알려져 있다. UV-B 조사에 의해 일부 식물 종에서는 활성산소가 생성되고 그 독성에 의해 생육 및 생체 대사 기능의 장해를 보인다. 그러나 일부 식물은 UV-B 조사에 의해 ascorbic acid, glutathione, polyamine 등과 같은 항산화 물질의 증가와 superoxide, glutathione reductase 등의 항산화 효소의 활성이 활발해진다고 했다. a-tocopherol 함량은 상추는 20분에서 $4.9mg·100g^{-1}$으로 대조구에 비해 8.2배 증가했다. 시험 결과는 하우스 내에 UV-A와 UV-B를 설치해 각각 1시간, 5분 동안 조사한 결과 a-tocopherol의 함량은 증가했다는 Higashio와 Azuma(1996)의 연구 결과와 일치했다. 쌀과 오이에서도 ascorbic acid

함량이 UV 조사에 의해 증가한다는 보고가 있다. 이와 같이 단기간 UV 조사에 의해서도 효과가 있다고 인정됨에 따라 하우스 재배의 채소 품질 향상을 실용화하고 있다. 특히 기능성 물질인 천연색소(anthocyanin), 발암억제(carotenoid), 혈압강하(lutene) 등에 대한 함량을 상승시킬 수 있는 기술로서 UV 처리는 차후 발전이 기대되며 앞으로 적정 처리 시간 및 시기, 저장 후의 성분 변화 등에 관한 연구가 더 이루어져야 할 것으로 생각된다.

(그림 4-8) 자외선 조사 전경

(그림 4-9) 대조구 5분, 10분, 20분

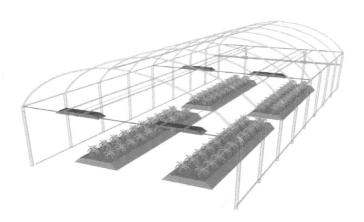

(그림 4-10) 비닐하우스 내에 설치할 자외선 처리 장치와 단면도 증가

나. 상추의 안토시아닌 증가

외국에서의 상추에 대한 연구는 주로 결구상추에 대해 많이 이루어지지 않았다. 국내에서도 잎상추에 관한 연구는 재배법에 따른 생육 반응에 관한 것이 약간 이루어졌을 뿐, 영양학적 면에서의 연구는 미흡하다. 영양학적 면에서 잎상추

는 무기질, 비타민 및 안토시아닌 색소가 다량 함유되어 있다. 이차 대사산물 중 고등식물에 가장 많이 포함되어 있는 안토시아닌 색소는 채소 및 과실 등에 함유되어 있어 항산화 활성, 콜레스테롤 저하 작용, 항궤양 기능 등 많은 생리 활성이 있는 것으로 알려져 있다. 이러한 생리활성물질은 가공식품보다는 생식으로 섭취하는 것이 효과적이므로 잎상추에 대한 재배 기술이 더 한층 요구된다. 특히 안토시아닌 색소 발현 및 엽록소 등은 광, 온도, 호르몬, 영양원 등 여러 가지 환경 요인에 현저히 영향을 받는 것으로 알려져 있다. 이러한 요인에 대한 해명은 생력적인 재배의 관점에서 큰 의미를 지닌다고 볼 수 있다. 광질과 광량 처리에 의해 안토시아닌 함량을 증가시킬 수 있는 방법을 모색하고자 했다.

(1) 광량과 광질의 이용과 방법

본 연구는 원예연구소 채소과의 생장상을 이용해 광량(무차광, 30, 50%) 3 수준 및 광질(Red, Blue, Green, Red+Blue, 형광등, 자연광) 6 수준으로 했으며 공시 재료는 연산홍적축면과 뚝섬적축면상추를 이용했다. 일장은 12시간으로 고정했으며 정식 3주 후부터 수확 시기까지 약 10일 동안 처리했다.

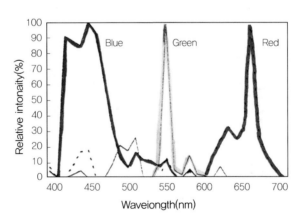

(그림 4-11) 광질별 파장대 영역

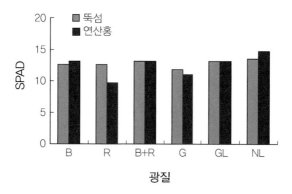

(그림 4-12) 광질처리에 따른 엽록소 함량

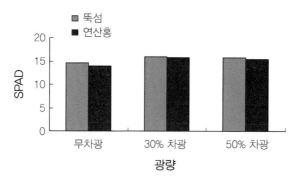

(그림 4-13) 광량처리에 따른 엽록소 함량

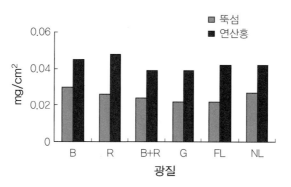

(그림 4-14) 광질처리에 따른 안토시아닌 함량

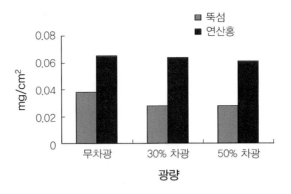

(그림 4-15) 광량처리에 따른 안토시아닌 함량

엽록소의 함량은 무차광에서 저하되었으며 연산홍적축면보다는 뚝섬적축면이
높았다. 광질 처리에서는 연산홍적축면의 Red광 처리에서 엽록소 함량이 가
장 낮았다. 반면에 자연광 처리에서 높았다.

안토시아닌 함량은 연산홍적축면의 Red광 처리에서 가장 높았으며 뚝섬적축
면 Green광 처리에서 가장 낮았다. Red광에 비해 청색과 녹색 처리구에서는
안토시아닌 형성이 다소 떨어지는 것으로 보아 광질의 차이가 안토시아닌 형
성에도 크게 관여하는 것으로 판단된다. 양배추의 경우 높은 수준의 안토시아
닌 생성에는 가시광과 근가시광이 장시간 조사가 필요함을 인정해 안토시아닌
색소 발현에 광의 영향이 현저함을 시사했다. 광량 처리에서는 차광 정도가 클
수록 저하했다. 50% 차광을 한 저광량하에서는 적색의 착색이 상당히 감소했
다. 이는 적상추의 안토시아닌 색소 발현이 광에 크게 의존하고 있음을 시사한
다. 많은 연구 결과를 보면, 안토시아닌 색소 발현에 광이 가장 중요한 환경 요
인으로 작용하고 있다는 것을 알 수 있으며, 일반적으로 광은 안토시아닌의 형
성 발현에 대해 촉진적으로 작용한다고 알려져 있다. 이것은 광합성에 의해 체
내에 탄수화물을 증가시킴으로써 색소의 형성을 촉진시키는 것으로 생각된다.
그러나 식물의 종류 및 품종에 따라서는 직접 광을 받지 않아도 착색하는 것,
광의 영향이 적은 내부 조직으로 착색하는 종류도 있지만 이러한 것들은 대부
분 유전자의 지배를 받는 것으로 사료된다. 채소류에 있어서도 종류, 품종에
따라 광의 유무와 관계없이 안토시아닌 색소가 잘 발현되는 것과 광이 약하면

발현이 억제되거나 발현이 되지 않는 것 등 광에 민감한 종류가 많다. 즉 가지 등은 광에 노출되지 않으면 안토시아닌이 발현되지 않으며, 순무의 적색 품종은 지상에 있는 부분은 착색하지만 지하에 있는 부분은 착색하지 않는다. 식물에 따라 광에 대한 감응성이 각각 다르다는 것을 알 수 있다.

(그림 4-16) 후주연결형

(그림 4-17) 전후주연결형

(그림 4-18) 철재 후주연결형

다. 셀레늄(Se) 및 게르마늄(Ge) 처리 기술

현재 소비자의 채소에 대한 인식이 영양적 기능(1차)→감각적 기능(2차)→생체조절 기능(3차)으로 전환되어 가고 있다. 엽채류는 쌈이나 샐러드용으로 이용되어 오며 소비자의 수준 향상에 따른 고품질화가 절실히 필요해지고, 인체에 대한 채소류의 효과 검증이 방송에 보도되면서 채소 소비량이 급증할 것으로 예상되기도 한다. 채소의 식용이나 감각적 기능을 중시하던 관점에서 국민 보건에 기여하는 기능성 물질의 향상이나 투입에 의한 인체 기능 조절물질로서의 역할이 가능하도록 고부가가치 기능성 향상에 대한 기술 개발이 시급하다. 최근 셀레늄(Se) 및 게르마늄(Ge)에 관한 관심은 암과 면역 병과 같은 인간의 질환에 대한 치료 효과로 증가하고 있다. 인체에 유익한 작용을 하는 기능 성분을 추가하되 인체와 식물체에 해가 없고 경비를 줄일 수 있는 방법을 찾아내고자 상추를 공시 재료로 해담액수경시설에서 재배를 했다.

(1) 물질 처리 방법과 결과

게르마늄은 GeO_2를 이용했으며 농도는 0, 2, 4, 8, 16ppm으로 처리한 결과 상추는 4ppm 처리구에서 엽면적이 넓고 생체중이 무거웠다. 16ppm에서 공히 생육이 저조했다. 게르마늄의 흡수량은 처리 농도가 높을수록 많았다. 무기성분 함량은 생육이 좋았던 처리구에서 높았으며, 비타민C의 함량은 처리구 간에 뚜렷한 차이가 없었다. 재배 기간 중 pH는 생육이 진행될수록 떨어졌고, EC에는 큰 변화가 없었다. 대조구의 뿌리와 비교해 보면 게르마늄을 처리한 뿌리가 유관속과 세포의 크기와 비슷했다. 엽조직의 엽육 세포는 대조구보다 더욱 밀집되어 있는 것으로 나타났다. 게르마늄을 처리한 상추의 엽은 대조구보다 매우 단단하고, 녹색을 띠며, 윤기가 나는 것으로 나타났다. 광합성률과 생체중도 증가했다. 결론적으로 작물 간에 게르마늄의 반응 정도가 다소 상반되었지만 2, 4ppm이 적당한 것으로 판단된다. 셀레늄 처리 농도를 알아보기 위해 양액의 셀레늄 농도를 0, 2, 4, 8 및 16mg·L^{-1}으로 처리를 했다. 셀레늄의 공급원으로는 Na$_2$SeO$_4$(Sigma Co.), Na$_2$SeO$_3$(Sigma Co.), Se-amino chelate compound(Biobest. Co)를 사용했다. Na$_2$SeO$_3$의 처리구 상추는 대조구 상추에 비해 생육이 저조했는데, 특히 고농도인 16mg·L^{-1}의 처리구는 생체중 및 엽면적이 대조구에 비해 각각 약 2.3배와 1.8배 감소했다. Se-amino chelate compound는 대조구와 비교해 큰 차이가 없었지만, 16mg·L^{-1}으로 처리한 경우 생육이 다소 억제되었다. Na$_2$SeO$_4$의 2와 4mg·L^{-1} 처리구는 오히려 대조구에 비해 생육이 좋았다. 생체중은 대조구가 54.5g으로 4mg·L^{-1} 처리구의 63.5g보다 작았으며, 엽면적은 2mg·L^{-1} 처리구가 1,234.1cm^2 대조구의 1193.1cm^{2}보다 넓었다.

〈표 4-16〉 셀레늄 처리 일주일 후 상추의 생육

| 종류 | Se 농도 (mg·L^{-1}) | 초장 (cm) | 엽수 (개) | 엽면적 (cm^2/plant) | 생체중(g) | | 건물률 (%) |
					지상	지하	
대조구	0	22.9	18.0	1,193	58.1	10.9	20.4
Sodium selenate (Na$_2$SeO$_4$)	2.0	24.9	24.7	1,234	55.9	9.9	18.9
	4.0	25.2	24.2	1,178	63.5	10.0	18.6
	8.0	21.6	23.5	1,027	58.2	11.2	15.5
	16.0	19.4	22.5	701	33.9	10.4	15.1
Sodium selenite (Na$_2$SeO$_3$)	2.0	22.2	16.0	820	32.1	5.7	20.8
	4.0	20.8	16.3	943	34.6	5.0	21.8
	8.0	18.9	15.2	659	24.9	3.3	17.5
	16.0	18.3	15.0	673	23.4	3.5	15.6

종류	Se 농도 (mg·L⁻¹)	초장 (cm)	엽수 (개)	엽면적 (cm²/plant)	생체중(g) 지상	생체중(g) 지하	건물률 (%)
Se-Amino chelate compound	2.0	22.5	15.7	952	43.4	7.6	25.8
	4.0	22.2	16.5	1,026	45.2	8.6	22.5
	8.0	22.6	17.0	1,086	48.2	8.9	25.3
	16.0	21.1	16.5	894	35.9	6.8	19.8
Source(A)		**	**	**	**	NS	**
Se Con.(B)		**	**	**	**	**	**
A×B		**	**	**	**	**	*

〈표 4-17〉 셀레늄 처리 일주일 후 상추의 무기성분 및 비타민C 함량

종류	Se 농도 (mg·L⁻¹)	비타민 C 함량 (mg·100g⁻¹FW)	질산태 질소 함량 (mg·g⁻¹FW)	무기성분 (%, DW) K	무기성분 (%, DW) Ca	무기성분 (%, DW) Mg
대조구	0	11.3	2,212	2.256	1.184	0.669
Sodium selenate (Na$_2$SeO$_4$)	2.0	13.3	1,116	2.580	1.149	0.687
	4.0	13.3	1,024	2.572	1.181	0.706
	8.0	13.0	1,230	2.592	1.156	0.577
	16.0	13.3	942	2.529	1.253	0.633
Sodium selenite (Na2SeO3)	2.0	13.5	1,536	2.594	1.201	0.674
	4.0	13.5	1,868	2.535	1.160	0.529
	8.0	14.1	1,576	2.547	0.992	0.471
	16.0	12.0	914	2.384	0.865	0.458
Se-Amino chelate compound	2.0	11.1	1,324	1.966	1.267	0.677
	4.0	13.6	1,193	1.834	1.177	0.637
	8.0	12.9	842	1.929	1.289	0.874
	16.0	12.1	657	2.161	1.134	0.693
Source(A)		*	**	**	**	**
Se Con.(B)		*	**	*	**	**
A×B		*	**	**	**	**

셀레늄 처리 후 상추의 비타민C의 함량은 Na2SeO3의 8mg·L⁻¹ 처리구
가 14.1mg·100g⁻¹ FW로 대조구보다 약 1.2배 높았으며 다른 처리구에 비
해 Na$_2$SeO$_4$ 처리구가 비타민C의 함량이 높았다. 질산염은 모든 처리구에
서 감소했으며 처리 농도가 증가할수록 감소했다. 특히 Se-amino chelate

compound의 $16mg \cdot L^{-1}$ 처리구에서 $657mg \cdot g^{-1}$ FW로 가장 낮았다. 무기성분 함량은 셀레늄의 종류 간에는 큰 차이가 없었지만 농도가 높을수록 다소 감소했다. 상추의 셀레늄 흡수 특성으로는 처리 농도가 높을수록 흡수량이 비례적으로 증가한 것을 알 수 있으며, 다른 처리보다는 Na_2SeO_4의 $16mg \cdot L^{-1}$ 처리구가 $79.3 \mu g \cdot kg^{-1}$ DW로 가장 많았다. 이는 FNB(Food and Nutrition Board)에서 성인에게 권장하는 셀레늄 섭취량인 하루 $50 \sim 100 \mu g$에 상응하는 양이다. 본 실험의 경우 대조구에서도 약간의 셀레늄이 검출되었는데, 이는 수돗물에 함유되어 있는 셀레늄이 식물체 내에 흡수된 것으로 생각할 수 있다. 셀레늄 함량이 과다한 경우 작물의 피해 현상이 발생했지만, 양액 재배를 통한 저농도$(2, 4mg \cdot L^{-1})$의 셀레늄$(Na_2SeO_4$나 Se-amino chelate compound) 처리는 식물체의 생육을 억제시키지 않는 범위 내에서 인체의 방어기작에 필요한 glutathione peroxidase의 구성 성분인 셀레늄을 공급하기 때문에 셀레늄의 함량이 높은 채소의 생산과 나아가 기능성이 높아진 고부가 가치 상품 생산에 매우 의미가 있다고 생각된다.

상추 GAP 재배

GAP는 Good Agricultural Practices의 약어로 '좋은 농업 실천규범'이라는 어원적 의미를 갖는다. FAO에서는 GAP를 '안전하고 고품질인 농산물의 생산을 가능하게 하는, 경제적으로 효용 가치가 있어 실용적이고, 환경적으로 지속 가능하며, 사회적으로는 사회 구성원이 받아들일 수 있는 수준의 영농기술'로 정의하고 있다. 우리나라는 「농산물품질관리법」에 GAP를 '농산물우수관리'라고 명시해 농산물의 안전성을 확보하고 농업 환경을 보전하기 위해 농산물의 생산, 수확 후 관리 및 유통의 각 단계에서 재배지·농업용수 등의 농업 환경과 농산물에 잔류할 수 있는 농약, 중금속, 잔류성 유기오염물질 또는 유해생물 등의 위해 요소를 적절하게 관리하는 것으로 규정하고 있다. 따라서 상추 GAP 재배 인증 농가가 되려면 농촌진흥청에서 고시하는 '농산물우수관리기준'에 준수해야 하며, 농산물품질관리원에서 지정하는 인증 기관에서 인증을 받아야 한다.

(그림 4-19) GAP 인증마크

가. GAP 인증의 필요 요건

GAP 인증을 받기 위해서는 법에서 규정하는 각종 위해 요소들의 허용 기준을 통과해야 하는데 농촌진흥청에서 고시하는 우수농산물관리기준의 필수 사항과 권장 사항에 따라야 한다. 현재는 4개의 작목군별로 기준을 약간 달리하고 있으며, 상추는 채소군에 해당한다. 먼저 농산물우수관리인증을 받고자 하면 「농산물품질관리법」 제24조의 규정에 따른 이력추적관리 등록을 하고 농산물이력추적관리기준을 준수해야 한다. 상추의 경우 아직 유전자 변형 농산물이 국내에 생산되고 있지 않지만 기준에는 유전자 변형 농산물을 생산해 출하하는 자는 「유전자변형생물체의 국가 간 이동 등에 관한 법률」에 따른 유전자 변형 생물체의 취급관리 기준을 준수해야 하고, 관리대장을 작성·비치해야 하며, 출하 시에는 유전자 변형 농산물임을 표시해야 한다. 토양 재배인 경우에는 분석성적서 인증기관에서 실시한 4년 이내의 중금속 분석성적을 제출해야 하고, 「토양환경보전법」 규칙의 토양오염 우려 기준 '1' 지역의 중금속 기준을 초과하지 않도록 관리해야 한다(다만 니켈의 경우 기준 적용의 예외로 함). 재배지 주변에 환경오염 유발시설이 있거나 환경오염물질에 의한 오염이 우려될 때에는 중금속 이외의 성분에 대해서도 분석성적을 제출해야 한다. 토양 병해충 관리를 위해서는 윤작, 휴경, 태양열 소독, 병해충 저항성 품종 재배 등 경종적 관리 방법을 적용해야 한다. 농약 등 농자재를 사용해 토양을 소독할 경우 「농약관리법」에 따라 등록된 약재를 '농약 등의 안전 사용 기준'에 따라 사용해야 하며 그 사용 내역을 기록해야 한다(기록사항 : 제품명, 대상 농작물 및 병해충명, 사용 일자 및 사용자, 사용량 및 사용 장소 등). 토양 분석은 농촌진흥청 소속 시험연구기관, 농업기술실용화재단, 도농업기술원 및 시군농업기술센터, 국립농산물품질관리원, 시·도 보건환경연구원, 그리고 농촌진흥청장, 국립농산물품질관리원장, 국립환경과학원장이 정한 전문 검사 기관 등에서 분석성적을 인정해야 한다.

상추 생산에 사용되는 용수는 토양과 같이 분석성적서 인증 기관에서 실시한 최근 4년 이내의 수질분석 성적을 제출해야 하며, 그 성적은 「환경정책기본법」 및 「지하수의 수질보전 등에 관한 규칙」의 '농업용수수질기준'에 적합해야 한다(단 작물의 필수 양분인 질소, 인 성분은 기준 적용의 예외로 함). 또한 용수의 수원 주변에 환경오염 유발시설이 있거나 오염물질 유입에 의한 오염이 우려될 경우 유해 성분에 대해서도 분석을 실시해서 성적을 제출해야 하며, 자연 강우로만 작물을 재배할 경우에는 수질 분석을 생략할 수 있다.

나. 상추 GAP 재배 관리

상추의 GAP 재배는 위에서 언급한 바와 같이 관련법에서 요구하는 기준을 통과했을 때 GAP 농장으로 인증을 받을 수 있고 재배 과정, 수확 과정, 수확 후 저장 및 포장 과정에서 농약, 중금속, 유해 미생물 등에 오염이 되지 않도록 관리해야 한다. 만약 인증을 받았지만 GAP 관리 기준대로 관리를 하지 않으면 인증심사원들의 주기적인 심사에서 위반사항이 적발되면 인증이 취소되기 때문이다. 그리고 GAP 재배에 있어서 가장 중요한 것은 모든 물, 비료, 농약 등 생산물의 안전성에 영향을 줄 수 있는 생산 요소들의 종류, 투입량, 투입 방법, 관리 방법 등을 지속적으로 GAP 생산 일지에 기록해야 한다. 기록한 정보들은 최종적으로 소비자들이 생산물을 구입할 때 이력추적의 기본 정보가 된다. 물론 유통 과정 중의 이력추적도 가능하게 된다.

(1) 육묘

○ 품종 선택

용도에 따라 품종을 다르게 선택 할 수 있다. 쌈용으로 먹는 상추는 주로 잎상추로 치마상추와 축면상추가 있고, 각 종묘회사에서 나온 상추 중에서 재배 시기와 특성에 맞는 품종을 선택한다.

(그림 4-20) 청축면상추 **(그림 4-21) 적축면상추** **(그림 4-22) 청치마상추** **(그림 4-23) 적치마상추**

○ 종자의 보관과 소요량

상추의 발아 적온은 15~20℃이며 종자의 저장 조건은 0~4℃가 좋다. 이렇게 낮은 온도에서 종자를 저장하면 여름철 고온기에 파종을 할지라도 높은 발아율을 보인다. 낮은 온도에서 종자 수명은 오래 유지된다. 종자 소요량은 10a당 60mL 내외이며 포장규격 20mL당 종자는 약 7,500립이다.

○ 육묘상의 설치

묘상 설치는 일사량이 많고 배수가 잘 되는 곳, 관리가 편리하고 관수 및 전원 등의 설치가 쉬운 곳, 병해충의 발생이 적은 곳이 좋다. 시설의 방향, 피복 자재, 골격률(骨格率) 등을 고려해서 채광을 좋게 하고 충분한 환기가 되도록 묘상을 설치한다.

○ 파종 방법과 정식 적기

파종은 파종 상자에 줄뿌림해 육묘하는 방법과 128, 162, 200공 플러그 트레이에 파종해 육묘하는 방법이 있는데 플러그 묘가 균일하게 자라며 본밭에 내다 심어도 몸살을 적게 한다. 상추 묘는 본잎이 3~5장이 되었을 때 본밭에 옮겨 심는데, 본밭의 상황에 따라 시기는 조절할 수 있다. 너무 늦어지게 되면 좁은 공간에서 묘가 자라기 때문에 도장해, 병해충에 감염될 수가 있고, 뿌리 내림이 지연되어 초기 생육도 억제된다. 육묘 기간은 봄, 가을에는 30일, 여름철에는 25일, 겨울철에는 35일가량 소요된다.

(그림 4-24) 상추 정식 적기 묘   (그림 4-25) 상추 정식 지연 묘

○ 육묘용 상토와 구비 조건

육묘용 상토는 숙성상토, 속성상토, 시판상토 등으로 크게 나눌 수 있다. 농가의 여건에 따라 적당한 것을 선택해서 사용한다. 상토는 배수성, 통기성, 보수성 등이 좋은 것을 선택하는 것이 좋으며, 일반적으로 가벼운 것이 물리성 면에서 우수하다. 상토의 비료 성분은 균일하고 균형 있게 함유되어 있어야 하며, pH는 5.8~6.5 범위가 적정하다. EC는 상토의 종류나 분석 방법에 따라 적정 기준이 달라지는데 포화점토법을 이용해 분석할 경우 1.0~2.0dS/m 범위가 적정하다. 기상률은 15% 이상, 유효 수분은 20% 이상, 전공극은 75% 이상인 것이 좋다. 상토는 병해충, 중금속, 잡초 종자 등에 오염되지 않아야 하고 비료가 첨가된 경우는 비효가 가급적 오래 지속되는 것이 좋다. 상토에 첨가되는 유기질 비료 등에 대한 중금속 위해성 기준에 저해되지 않는 것을 사용해야 한다.

(2) 재배

○ 시비

비료 사용량은 농업기술센터, 농협, 농과대학 등 농업 전문 기관의 시비처방서에 준해서 결정한다. 비료는 비료 관리법에 준하는 종류를 사용하면 된다. 보통은 농업과학기술원에서 제공하는 표준시비량과 검정시비량을 기준으로 시비하면 된다. 토양 개량이나 작물의 생육을 위해 농자재를 자가 조제해서 사용할 경우에는 「친환경농어업육성 및 유기식품 등의 관리·지원에 관한 법률 시행규칙」 제3조(허용물질)에 따른 별표1의 토양 개량과 작물 생육에 사용할 수 있는 물질을 이용해야 한다. 비료는 농산물, 포장재, 종자·종묘, 농약 등과 접촉하지 않도록 구분, 보관해야 하며 강우 시 유출 방지 등으로 환경오염 우려가 없도록 관리해야 한다.

〈표 4-18〉 상추의 추천 표준시비량 (kg/10a, 성분량)

구분		비료	계	밑거름	웃거름
상추	노지 재배	질소	20.0	10.0	10.0
		인산	5.9	5.9	0
		칼륨	12.8	6.4	6.4
		퇴비	1,500	1,500	0
		석회	200	200	0
	시설 재배	질소	7.0	3.5	3.5
		인산	3.0	3.0	0
		칼륨	3.6	1.8	1.8
		퇴비	1,500	1,500	0
		석회	200	200	0

자료 : 농업과학기술원(2006)

〈표 4-19〉 검정시비량(2006, 농업과학기술원)

비료성분	구분	검정시비량
질소	노지	토양유기물 2.0% 이하는 24.0kg/10a, 2.1~3.0%는 20.0kg/10a, 3.1 이상은 16.0kg/10a 사용
	시설	Y= 9.759-4.948×X(Y: 질소시비량, X: 토양 EC)
인산	노지·시설	Y= 74.893-11.455×Ln(X)(Y: 인산시비량, X: 유효인산함량)
칼륨	노지·시설	Y=27.476-77.646×X (Y: 칼륨 시비량, X: 토양의 치환성 $K/\sqrt{Ca+Mg}$
석회	노지·시설	중화량 사용
퇴구비	노지·시설	토양유기물 함량 1.5% 이하는 2,000kg/10a, 1.6~2.5%는 1,500kg/10a, 2.6% 이상은 1,000kg/10a 사용

○ 관수
노지 재배지의 상추는 심한 가뭄 시 물을 주어야 하므로 하천, 호소, 지하수의 수질 기준을 통과한 물로 여러 가지 방법으로 물주기를 해야 한다. 시설 재배

지에서는 인위적인 관수가 필수적이며 분수호스나 스프링클러로, 점적관수 등의 방법으로 물주기를 할 수 있고 분수호스나 스프링클러 관수 시 흙탕물이 튀어 작물체에 옮겨 묻지 않도록 멀칭 비닐로 멀칭하기를 권장한다.

○ 재배 환경 관리

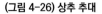

| (그림 4-26) 상추 추대 | (그림 4-27) 여름철 차광망 이용 재배 |

상추는 고온에서 꽃눈 형성이 빠르고 해 길이가 긴 조건에서 꽃대가 빨리 올라온다. 따라서 상추는 온도가 높고 해가 긴 여름철에는 꽃대가 빨리 올라와 수확을 일찍 마치게 되고 수량은 떨어진다. 광 적응성은 약한 광선에서도 잘 견디는 편이지만 줄기가 웃자라므로 꽃대가 빨리 올라오고 잎상추 품질이 떨어지기 때문에 여름철에는 흑색 차광망으로 차광하며 차광망의 차광률은 35% 이상 넘지 않도록 한다.

(3) 병해충 방제

GAP 재배에 있어서 병해충 방제는 병해충종합관리(IPM) 방법으로 저항성 품종 선택, 경종적 방제, 생물학적 방제, 물리적 방제 수단을 우선 적용하고 화학적 방제가 필요할 경우에는 대상 병해충 등에 대한 적합한 약제를 사용해야 한다. 병해충 등의 방제(종자 소독용 포함)에 사용하는 농약은 「농약관리법」에 따라 농촌진흥청장이 고시하는 '농약 등의 안전사용기준'에 따라 상추에 적용 가능한 것을 사용해야 하며 사용 방법, 사용량, 사용 시기, 사용 가능 횟수 등을 준수해야 한다. 병해충 방제를 위해 농자재를 자가 제조해서 사용할 경우, 「친환경농어업육성 및 유기식품 등의 관리·지원에 관한 법률 시행규칙」 제3조(허용물질)에 따른 별표1의 병해충 관리를 위해 사용이 가능한 물질을 이용한다. 수출 농산물을 재배할 경우에는 해당 농산물의 수입국에서 잔류허용기준이 설정되지 않는 농약은 사용하지 않아야 한다. 병해충 등의 방제용으로 사용한 모든 농약(유기농업 자재 포함)은 해당 농산물 수확 후 사용 내역을 2년 이상 기록·관리해야 한다(기록사항: 제품명, 대상 농작물 및 병해충명, 사용 일자 및 사용자, 사용량 및 사용 장소 등). 농약 살포에 사용되는 장비는 항상 청결한 상태를 유지해야 하며, 제초제를 사용한 장비는 약해가 발생하지 않도록 철저히 세척·관리해야 한다. 농약을 살포하는 작업자는 기본적인 건강 관리를 유지하고 농약 살포 시에는 보호 장비를 착용해야 한다. 농약 살포 보호 장비는 세탁 및 건조 후 청결하고 환기가 잘 되는 장소에 보관해야 한다. 농약을 혼용 살포할 경우에는 혼용가부표를 확인하고 혼합량을 정확히 계산해서 사용하기를 권장하고 있다. 농약의 과다 사용에 의한 농산물 및 환경오염을 방지하고 농약 사용자의 안전을 확보하기 위해 병해충 방제 계획을 수립·실천하는 등 농약의 사용량을 줄이기 위해 노력하기를 권장한다.

상추의 수확 또는 저장 중에 농약, 중금속 등 잔류 검사를 재배 작물별로 1년에 1회 이상 실시하고, 그 결과는 해당 농산물의 출하일로부터 2년 이상 보관해야 한다(단 잔류농약 검사의 경우 재배 기간 중 해당 작물에 사용한 농약 및 주변 포장에서 비산 우려가 있는 농약 성분만을 대상으로 할 수 있다). 식품공전 제2장에 고시된 '식품일반에 대한 공통기준 및 규격'상의 농약·중금속 잔류허용 기준에 적합해야 한다. 잔류농약 등을 분석하기 위한 시료 채취는 농림축산식품부에서 고시하는 '농산물 등의 안전성조사 업무처리요령'에 의해 대상 농산물의 대표성을 확보할 수 있도록 수거해야 한다. 생산자는 소비자가 요구할 경우 잔류농약 등의 분석 결과를 제시해야 한다.

농약의 보관 장소는 성분 변화, 결빙 및 화재 등으로부터 안전해야 하고 농수산물, 식·의약품, 사료 및 비료의 보관 장소와 구분·격리되어 있어야 한다. 농약의 보관 장소는 햇볕이 들지 않고 어린이의 손에 닿지 않아야 하며, 위험성을 경고하는 표시를 하고 잠금장치가 되어 있어야 한다. 부정농약, 불량농약은 사용하지 않아야 하고 반품하거나 폐기 처리해야 한다. 사용 후 남은 농약은 사용 설명에 따라 원래 용도로 사용이 가능하도록 원래의 포장 용기에 보관해야 한다. 사용 후 빈 농약 용기, 봉지 및 살포 잔액은 주변 토양이나 수질오염을 예방하기 위해 전량 수거한 후 안전하게 보관 또는 폐기해야 한다.

○ 상추에 등록된 약제

① 병해

상추의 병해는 시들음병, 노균병, 흰가루병, 균핵병, 잿빛곰팡이병, 세균성점무늬병에 대해 등록된 약제가 있다. 시들음병 약으로는 메탐소듐 액제(상표명 : 킬퍼), 다조메 입제(상표명 : 밧사미드)가 고시되어 있다. 노균병 약에는 디메토모르프. 에타복삼액상 수화제(상표명 : 옹달샘), 디메토모르프 수화제(상표명 : 에이스, 영일디메토모르프, 포룸, 아가페)가 등록되어 있다. 흰가루병 약에는 아족시스트로빈 액상수화제(상표명 : 오티바, 억발산, 니다나, 미라도)가 등록되어 있다. 균핵병 약으로는 바실루스서브틸리스와이1336 수화제(상표명 : 바이봉), 베노밀 수화제(상표명 : 다코스, 동부베노밀, 벤레이트, 삼공베노밀, 아리베노밀, 임팩트, 아그로텍베노밀, 하이엑스, 동방베노밀, 벤지, 제로곰팡, 한얼베노밀, 베노레이트), 보스칼리드 입상수화제(상표명 : 칸투스), 플루퀸코나졸.피리메타닐 액상수화제(상표명 : 금모리), 플루톨라닐 유제(상표명 : 몬카트)가 등록되어 있다. 잿빛곰팡이병 약으로는 보스칼리드.트리플루미졸 수화제(상표명 : 병모리), 폴리옥신비 수화제(상표명 : 동부포리옥신)가 등록되어 있다. 세균성점무늬병 약으로는 코퍼옥시클로라이드.디메토모르프 수화제(상표명 : 포룸씨)가 등록되어 있다.

② 충해

상추의 충해는 여러 가지가 있으며 진딧물류, 꽃노랑총채벌레, 파밤나방, 민달팽이류, 애매미충류에 대해 등록된 약제가 있다. 진딧물류 약으로는 알파사이퍼메트린 유제(상표명 : 바이엘알파스린, 명쾌탄, 파워셀, 화스탁), 에스판발러레이트 유제(상표명 : 적시타), 이미다클로프리드 수화제(상표명 : 아리이미다, 코니도, 코사인, 태사자, 래피드킬), 피메트로진 수화제(상표명 : 체스)가 등록되어 있다. 꽃노랑총채벌레 약으로는 스피네토람입상 수화제(상표명 : 델리게이트), 스피노사드 수화제(상표명 : 노블레스), 스피노사드 입상수화제(상표명 : 부메랑, 올가미, 촌장), 에마멕틴벤조에이트 유제(상표명 : 에이팜), 클로르페나피르 유제(상표명 : 렘페이지)가 등록되어 있다. 파밤나방 약으로는 플루벤디아마이드 액상수화제(상표명 : 애니충)가 등록되어 있다. 민달팽이류는 메치오카브입제(상표명 : 메수롤)가 등록되어 있다. 애매미충류 약으로는 바실러스서브틸리스디비비1501 입제(상표명 : 홀인원)가 등록되어 있다. 이러한 등록 약제는 매년 변경되고 있으므로 사용 전 미리 금년에 상추에 적용 가능한 약제를 작물보호협회 홈페이지(www.koreacpa.org)나 농업기술센터 등을 통해 알아보고 구입, 사용해야 오용으로 인한 피해를 예방할 수 있다.

다. 수확 및 수확 후 관리

수확은 잎상추의 경우 봄, 가을에는 정식 후 2주 후부터 수확이 가능하다. 포기로 수확 시 봄, 가을에는 정식 후 30~35일이면 수확할 수 있다. 수확용 농기구는 유해물질이나 미생물에 오염되지 않도록 청결하게 보관·관리해야 하며, 수확 시에는 개인 위생 관리에 각별히 주의해야 한다. 특히 감기, 몸살, 설사 등의 전염성 증상이 있는 작업자는 상추를 통해 병을 옮길 우려가 있으므로 수확 작업 및 수확 후 처리 작업을 하지 않아야 한다. 수확 장비(운반상자, 수확 도구 등) 및 운송 장비는 농산물 오염을 방지하기 위해 깨끗하게 유지·보관되어야 한다. 병해충에 의한 작물 피해가 있거나 식물체가 고사·손상된 상추는 수확 과정에서 선별해서 제거해야 한다. 한낮의 온도가 높을 때는 수확을 피하고, 수확 후에는 햇빛이 들지 않는 서늘한 곳에서 옮겨 보관해야 한다. 수확 시 상처가 생기지 않도록 주의하고 상자에 던져서 담지 않도록 한다. 고온기에 수확하는 상추의 품온을 낮추기 위해 예냉(precooling, 豫冷)할 경우 수확 후 빠른 시간 내에 하며 이때 동해 또는 저온 장해 피해가 발생하지 않도록 주의해야 한다. 상추를 포장할 때 사용하는 상자나 포장 필름, 용기 등은 깨끗한 환경에서 보관된 것을 사용하고 포장이 불량해서 충격이나 압력에 의해 상처가 생기지 않도록 주의해야 한다. 수확한 상추는 이물질 혼입 및 야생동물에 의한 오염을 방지해야 하며 야간에는 야외 방치를 하지 않아야 한다. 수확 후에 사용하는 선도 유지제, 훈증제, 기타 농약, 농자재 등을 처리할 때에는 제반 사항에 대한 관리 기록을 유지해야 한다(기록사항 : 제품명, 병해충명, 사용 일자 및 사용자, 사용량 및 사용 장소 등).
국내에서 유통되는 상추의 표준 거래 단위는 4kg이다. 5kg 미만 또는 최대 거래 단위 이상은 거래 당사자 간의 협의 또는 시장 유통 여건에 따라 다른 거래 단위를 사용할 수도 있다. 포장은 골판지상자, 폴리에틸렌대(P.E대) 등을 이용하고 포장 치수는 표준 거래 단위인 4kg의 경우에 맞는 가장 경제적인 치수의 포장을 설계해 포장한다. 생산물은 국립농산물품질관리원장이 정하는 '농산물표준규격'에 의해 생산, 선별, 유통되도록 해야 한다. 다만 표준 규격이 정해지지 않은 품목은 관계 법령이 정하는 규격에 따르되, 관계 법령에도 규정되지 않는 경우에는 거래 관행상의 규격에 따른다.

GAP 농가는 상추 수확 후 관리는 농산물품질관리법 시행규칙 제23조1항의 '농산물우수관리시설의 지정기준'에 따라 국립농산물품질관리원장이 지정한 농산물우수관리시설에서 처리해야 한다.

※ 유의사항 : 농산물우수관리기준이 비정기적이만 지속적으로 갱신되고 있으므로 변경되는 기준을 적용해야 한다.

우수관리시설의 지정기준(제23조 제1항 관련)

1. 조직 및 인력

가. 조직

1) 농산물우수관리업무를 수행할 능력을 갖추어야 한다.

2) 농산물우수관리업무 외의 업무를 수행하고 있는 경우 그 업무를 수행함으로써 농산물우수관리업무가 불공정하게 수행될 우려가 없어야 한다.

나. 인력

1) 농산물우수관리업무를 담당하는 사람을 1명 이상 갖출 것

2) 농산물우수관리업무를 담당하는 사람은 다음의 어느 하나에 해당하는 사람으로서 국립농산물품질관리원장이 정하는 바에 따라 농산물우수관리업무를 수행하는 사람의 역할과 자세, 농산물우수관리 관련 법령, 농산물우수관리시설기준, 농산물우수관리시설 관리실무 등의 교육을 받은 사람이어야 한다.

가) 「고등교육법」 제2조 제1호에 따른 대학에서 학사학위를 취득한 사람 및 이와 같은 수준 이상의 학력이 있는 사람

나) 「고등교육법」 제2조 제4호에 전문대학에서 전문학사학위를 취득한 사람 및 이와 같은 수준 이상의 학력이 있는 사람으로서 농업 관련 기업체·연구소·기관 및 단체 등에서 농산물의 품질 관리 업무를 2년 이상 담당한 경력이 있는 사람

다) 「국가기술자격법」에 따른 농림 분야의 기술사·기사·산업기사 또는 법 제105조에 따른 농산물품질관리사 자격증을 소지한 사람. 다만 산업기사 자격증을 소지한 사람은 농업 관련 기업체·연구소·기관 및 단체 등에서 농산물의 품질 관리 업무를 2년 이상 담당한 경력이 있는 사람이어야 한다.

라) 농업 관련 기업체·연구소·기관 및 단체 등에서 농산물의 품질 관리 업무를 3년 이상 담당한 경력이 있는 사람

마) 그 밖에 농산물의 품질 관리 업무에 4년 이상 종사한 것으로 인정된 사람. 다만 농가나 생산자 조직에서 자체 생산한 농산물의 수확 후 관리를 위해 보유한 산지유통시설의 경우는 농산물의 품질 관리 업무에 2년 이상 종사(영농에 종사한 기간을 포함한다)한 것으로 인정된 사람이어야 한다.

2. 시설

가. 농산물우수관리시설은 법 제6조 제1항에 따른 농산물우수관리기준에 따라 관리되어야 한다.

나. 농산물우수관리시설은 아래와 같은 시설기준을 충족할 수 있어야 한다.

1) 법 제11조 제1항 제1호에 따른 미곡종합처리장

	시설 기준	비고
시설물	곡물의 수확 후 처리시설 및 완제품 보관시설이 설치된 건축물의 위치는 축산폐수·화학물질 그 밖의 오염물질 발생시설로부터 제품에 나쁜 영향을 주지 않도록 격리되어 있어야 한다.	
건조 저장 시설	가) 건조 및 저장시설은 잔곡(殘穀)이 발생하지 않거나, 잔곡 청소가 가능한 구조로 설치되어야 한다.	
	나) 저장시설에는 동풍, 냉각 등 곡온(穀溫)을 낮출 수 있는 장치 및 곡온을 측정할 수 있는 온도장치가 설치되어야 하며, 곡온을 점검할 수 있어야 한다.	
	다) 저장시설은 쥐 등이 침입할 수 없는 구조여야 하며 저장시설 내에는 농약 등 곡물에 나쁜 영향을 미칠 수 있는 물질이 곡물과 함께 보관되지 않아야 한다.	
가공실	가) 원료 곡물을 가공하여 포장하는 가공실은 반입, 건조 및 저장 시설은 물론 부산물실과 격리되거나 칸막이 등으로 구획되어야 한다.	
	나) 쌀 가공실은 현미부, 백미부, 포장부, 완제품 보관부, 포장재 보관부가 각각 격리되거나 칸막이 등으로 구획되어야 한다.	
	다) 가공실의 바닥은 하중과 충격에 잘 견디는 견고한 재질이어야 하며, 파여 있거나 심하게 갈라진 틈이나 구멍이 없어야 한다.	
	라) 가공실의 내벽과 천장은 곡물에 나쁜 영향을 주지 않는 자재가 사용되어야 하며, 먼지 등이 쌓이거나 미생물 등이 번식하지 않게 청소가 가능한 구조로 설치되어야 한다.	
	마) 가공실의 출입문은 견고하고 밀폐가 가능해야 하며, 지게차 출입이 잦은 출입문은 이중문으로서 외문은 견고하고 밀폐가 가능해야 하고, 내문은 신속하게 여닫을 수 있고 분진 유입 등을 방지할 수 있는 구조로 설치되어야 한다.	
	바) 가공실 창문은 밀폐가 가능해야 하며, 방충망이 설치되어야 한다.	
	사) 가공실에는 집진(集塵)을 위한 외부 공기 도입구가 설치되어야 하며, 외부 공기 도입구에는 먼지, 이물질 등이 유입되지 않도록 필터가 설치되어야 한다.	

시설 기준	비고
가공실 아) 가공실의 조명은 작업 환경에 적절한 상태를 유지할 수 있어야 하며, 손상을 방지하기 위한 덮개 등 보호장치가 설치되어 있어야 한다.	
자) 가공실에서 발생하는 부산물은 먼지가 발생하지 않는 구조로 수집되어야 하며, 구획된 목적과 다르게 가공실 내에 부산물, 완제품 및 포장재 등이 방치·적재되어 있지 않도록 관리되어야 한다.	
차) 가공실을 깨끗하고 위생적으로 관리하기 위한 흡인식 청소시스템이 구비되어야 한다.	
가공 시설 가) 이송시설, 이송관, 저장용기 등 가공시설에서 도정된 곡물과 직접 접촉하는 부분은 스테인리스강(鋼) 등과 같이 매끄럽고 내부식성(耐腐蝕性)이어야 하며, 구멍이나 균열이 없어야 한다.	
나) 가공시설은 쥐 등이 내부로 침입하지 못하도록 침입방지시설이 설치되어야 한다.	
다) 각 단위기계, 이송시설 및 저장용기는 잔곡이 있는지를 쉽게 파악하고 청소할 수 있는 구조여야 한다.	
라) 곡물에 섞여 있는 이물질 및 다른 곡물의 낟알을 충분하게 제거하기 위한 선별장치가 설치되어야 한다.	
집진 시설 및 부산 물실 가) 분진 발생으로 인한 교차오염을 방지하기 위해 집진시설 등은 가공실과 구획되어 설치되어야 한다.	
나) 가공시설에서 발생하는 분진 및 분말 등의 제거를 위한 집진시설이 충분하게 갖춰져 있어야 하며, 집진시설은 사용에 지장이 없는 상태로 관리되어야 한다.	
다) 왕겨실·미강실 및 그 밖의 부산물실은 내부에서 발생하는 분진이 외부에 유출되지 않는 구조여야 한다.	
수처리 시설 가) 곡물의 세척 또는 가공에 사용되는 물은 「환경정책기본법」 및 「지하수법」의 음용수 이상(재활용수를 사용할 경우는 정화수)이어야 한다. 지하수 등을 사용하는 경우 취수원은 화장실, 폐기물처리시설, 동물사육장, 그 밖에 지하수가 오염될 우려가 있는 장소로부터 20미터 이상 떨어진 곳에 있어야 한다.	
나) 곡물에 사용되는 물은 1년에 1회 이상 분석해 음용수 기준에 적합 여부를 확인해야 한다.	
다) 용수저장용기는 밀폐가 되는 덮개 및 잠금장치를 설치해 오염물질의 유입을 사전에 방지할 수 있는 구조여야 한다.	
위생 관리 가) 화장실은 가공실과 분리해 수세식으로 설치해서 청결하게 관리되어야 하며, 손 세척시설과 손 건조시설을 갖추어야 한다.	
나) 가공실 종사자를 위한 위생복장을 갖추어야 하고, 탈의실을 설치해야 한다.	
다) 청소 설비 및 기구를 보관할 수 있는 전용공간을 마련해야 한다.	

시설 기준		비고
그 밖의 시설	가) 먼지 등 폐기물처리시설은 가공실과 떨어진 곳에 설치되어야 한다.	
	나) 폐수처리시설 설치가 필요할 경우 작업장과 떨어진 곳에 설치되어야 한다.	
관리 유지	농산물우수관리시설의 효율적 관리를 위해 시설 및 기계설비 작업 흐름도, 관리 기록대장 등을 갖추어야 한다.	

2) 법 제11조 제1항 제2호 및 제3호에 따른 농수산물산지유통센터 및 농산물의 수확 후 관리 시설

시설 기준	품목군		비고
	비세척	세척	
건축물	농산물의 수확 후 관리시설과 원료 및 완제품의 보관시설 등이 실비된 건축물의 위치는 축산 폐수·화학물질 그 밖의 오염물질 발생시설로부터 농산물에 나쁜 영향을 주지 않도록 격리되어 있어야 한다.		
작업장	작업장은 농산물의 수확 후 관리를 위한 작업실을 말하며, 선별·저장시설 등은 분리되거나 구획(칸막이·커튼 등에 의해 구별되는 경우를 말한다. 이하 같다)되어야 한다. 다만 작업공정의 자동화 또는 농산물의 특수성으로 인해 분리·구획할 필요가 없다고 인정되는 경우에는 분리·구획을 하지 않을 수 있다.		
	가) 작업장의 바닥·내벽 및 천장은 다음과 같은 구조로 설비되어야 한다. (1) 바닥은 충격에 잘 견디는 견고한 재질이어야 하며 배수가 잘 되도록 해야 다.		
	(2) 배수로는 배수 및 청소가 쉽고 교차오염이 발생하지 않도록 설치하고 폐수가 역류하거나 퇴적물이 쌓이지 않도록 설비해야 한다.		
	(3) 내벽은 내수성(耐水性)으로 설비하고, 먼지 등이 쌓이거나 미생물 등의 번식이 우려되는 돌출 부위(H빔 등)가 보이지 않도록 시공해야 한다.		

시설 기준	품목군		비고
	비세척	세척	
(4) 천장은 농산물에 나쁜 영향을 주지 않는 자재를 사용해야 하며, 먼지 등이 쌓이거나 미생물 등의 번식이 우려되는 돌출 부위(H빔·배관 등)가 보이지 않도록 시공해야 한다. 다만 노출된 H빔·배관 등에 미생물이 번식하지 않고 먼지 등이 쌓여 있지 않으며, 부식 방지 처리가 되어 있는 경우는 그러하지 아니하다.			
(5) 문은 견고한 내수성 재질로서 청소하기 쉬워야 한다.			
(6) 채광 또는 조명은 작업환경에 적절한 상태를 유지할 수 있도록 해야 한다.			
나) 작업장 안에서 악취·유해가스, 매연·증기 등이 발생할 경우 이를 제거하는 환기시설을 갖추고 있어야 한다.			
다) 작업장의 출입구 및 창문은 밀폐되어 있어야 하며, 창문은 해충 등의 침입을 방지하기 위해 방충망을 설치해야 한다.			
라) 작업공정에 분진, 분말 등이 발생할 경우 이를 제거하는 집진시설을 갖추고 있어야 한다.			
마) 작업장 내 배관은 청결하게 관리되어야 한다.			
수확 후 관리 설비	가) 농산물을 수확 후 관리하는 데 필요한 기계·기구류 등 시설은 농산물의 특성에 따라 갖추어 관리되어야 한다.			
	나) 농산물 취급설비 중 농산물과 직접 접촉하는 부분은 매끄럽고 내부식성이어야 하고, 구멍이나 균열이 없으며 세척 및 소독 작업이 가능해야 한다.			
	다) 냉각 및 가열처리 시설에는 온도계나 온도를 측정할 수 있는 기구를 설치해야 하며, 적정온도가 유지되도록 관리해야 한다.			
	라) 취급설비는 깨끗하게 위생적으로 유지·관리되어야 한다.			
수처리 시설	가) 수확 후 농산물의 세척에 사용되는 용수는 「먹는물관리법」에 따른 먹는 물 수질 기준(재활용수를 사용할 경우는 정화수)에 적합해야 한다. 지하수 등을 사용하는 경우 취수원은 화장실·폐기물처리시설·동물사육장, 그 밖에 지하수가 오염될 우려가 있는 장소로부터 20미터 이상 떨어진 곳에 있어야 한다.			
	나) 수확 후 세척에 사용되는 물은 1년에 1회 이상 분석해 음용수 기준에 적합한지를 확인한다.			
	다) 용수저장탱크는 밀폐가 되는 덮개(가능하면 잠금장치) 등을 설치해 오염물질의 유입을 미리 방지하여야 한다.			

	시설 기준	품목군		비고
		비세척	세척	
저장 (예냉) 시설	저장(예냉)시설은 농산물 수확 후 원물(原物) 및 농산품의 품질관리를 위한 저온시설을 말한다. 다만 대상 농산물이 저온저장(예냉)을 할 필요가 없다고 인정되는 경우에는 설치하지 않을 수 있다.			
	가) 벽체 및 천장의 내벽은 내수성 단열 패널로 마감처리하는 것을 원칙으로 한다.			
	나) 창문이나 출입문은 조류, 설치류와 가축의 접근을 막기 위해 방충망을 설치해야 한다.			
	다) 냉장(냉동, 냉각)이 필요한 농산물은 냉기가 잘 흐르도록 적재가 가능한 팰릿 등을 갖추어 적절한 온도 관리가 되어야 한다.			
	라) 냉장(냉동, 냉각)실에 설치되어 있는 온도장치의 감온봉(感溫棒)은 가장 온도가 높은 곳이나 온도 관리가 적절한 곳에 설치하며 외부에서 온도를 관찰할 수 있어야 한다.			
수송 · 운반 설비	가) 운송차량은 운송 중인 농산물이 외부로부터 오염되지 않도록 관리해야 하며, 냉장 유통이 필요한 농산물은 냉장탑차를 이용해야 한다.			
	나) 수송 및 운반에 사용되는 용기는 세척하기 쉽고 필요 시 소독과 건조가 가능해야 한다.			
	다) 수송, 운반, 보관 등 물류기기는 깨끗하고 위생적으로 관리해야 한다.			
위생 관리	가) 화장실은 작업실과 분리해 수세식으로 설치해야 하며, 손 세척시설과 손 건조시설(일회용 티슈를 사용하는 곳은 제외한다)을 갖추어야 한다.			
	나) 화장실은 청결하게 관리되어야 한다.			
	다) 적절한 청소설비 및 기구를 전용 보관 장소에 갖추어 두어야 한다.			
그 밖의 시설	가) 폐기물처리시설이 필요할 경우 폐기물처리시설은 작업장과 떨어진 곳에 설치·운영되어야 한다.			
	나) 폐수처리시설은 작업장과 떨어진 곳에 설치·운영되어야 한다. 다만 단순세척을 할 경우에는 폐수처리시설을 갖추지 않을 수 있다.			

시설 기준	품목군		비고
	비세척	세척	
관리 유지 농산물우수관리시설의 효율적 관리를 위해 다음과 같은 자료를 갖추고 있어야 한다. – 작업공정도 및 기계설비 배치도 – 작업장, 기계설비, 저장시설, 화장실의 점검기준 및 관리일지 등			

3) 농가나 생산자 조직에서 자체 생산한 농산물의 수확 후 관리를 위한 자가보유시설

	시설 기준	품목군		비고
		비세척	세척	
건축물	농산물의 수확 후 관리시설과 원료 및 완제품의 보관시설 등이 설비된 건축물의 위치는 축산 폐수·화학물질 그 밖의 오염물질 발생 시설로부터 농산물에 나쁜 영향을 주지 않도록 격리되어 있어야 한다.			
작업장	작업장은 농산물의 선별, 수확 후 관리, 저장 등을 위한 작업실을 말한다. 가) 작업장의 바닥 및 천장은 다음과 같은 구조로 설비되어야 한다. (1) 바닥은 충격에 잘 견디는 견고한 재질이어야 하며 배수가 잘 되도록 해야 한다. (2) 배수로는 배수 및 청소가 쉽고 교차오염이 발생하지 않도록 설치하고 폐수가 역류하거나 퇴적물이 쌓이지 않도록 설비해야 한다. (3) 천장은 농산물에 나쁜 영향을 주지 않는 자재를 사용해야 하며, 먼지 등이 쌓이거나 미생물 등의 번식하지 않도록 청결해야 한다. (4) 문은 견고한 재질로서 청소하기 쉬워야 한다. (5) 채광 또는 조명은 작업환경에 적절한 상태를 유지할 수 있도록 해야 한다.			
	나) 작업장은 청결하게 관리되어야 한다.			
수확 후 관리 설비	가) 농산물을 수확 후 관리하는 데 필요한 기계·기구류 등 시설을 갖추어 관리되어야 한다.			
	나) 취급 설비는 깨끗하게 위생적으로 유지·관리되어야 한다.			

시설 기준		품목군		비고
		비세척	세척	
수처리 시설	가) 수확 후 농산물의 세척에 사용되는 물은 「환경정책기본법」 및 「지하수법」의 음용수 이상(재활용수를 사용할 경우는 정화수) 이어야 한다. 지하수 등을 사용하는 경우 취수원은 화장실·폐기물처리시설·동물 사육장, 그 밖에 지하수가 오염될 우려가 있는 장소로부터 20미터 이상 떨어진 곳에 있어야 한다.			
	나) 수확 후 세척에 사용되는 물은 1년에 1회 이상 분석해 음용수 기준에 적합한지를 확인한다.			
	다) 용수저장탱크는 밀폐가 되는 덮개(가능하면 잠금장치) 등을 설치해 오염물질의 유입을 미리 방지하여야 한다.			
저장 시설	저장시설은 농산물 수확 후 원물 보관을 위한 시설을 말한다.			
	가) 창문이나 출입문은 조류, 설치류와 가축의 접근을 막기 위해 방충망을 설치해야 한다.			
	나) 작업장은 청결하게 관리되어야 한다.			
수송 · 운반 설비	가) 수송 및 운반에 사용되는 용기는 세척하기 쉽고 필요 시 소독과 건조가 가능해야 한다.			
	나) 수송, 운반, 보관 등 물류기기는 깨끗하고 위생적으로 관리해야 한다.			
위생 관리	가) 화장실 구비 시 손 세척시설과 손 건조시설(일회용 티슈를 사용하는 곳은 제외한다)을 갖추어야 한다.			
	나) 화장실은 청결하게 관리되어야 한다.			
	다) 적절한 청소설비 및 기구를 갖추어 두어야 한다.			
그 밖의 시설	가) 폐기물처리시설이 필요할 경우 폐기물처리시설은 작업장과 떨어진 곳에 설치·운영되어야 한다.			
	나) 폐수처리시설은 작업장과 떨어진 곳에 설치·운영되어야 한다. 다만, 단순세척을 할 경우에는 폐수처리시설을 갖추지 않을 수 있다.			
관리 유지	농산물우수관리시설의 효율적 관리를 위해 다음과 같은 자료를 갖추고 있어야 한다. – 관리기록대장 등			

3. 농산물우수관리시설 업무규정

농산물우수관리시설 업무규정에는 다음 각 목에 관한 사항이 포함되어야 한다.

가. 수확 후 관리 품목

나. 우수관리인증농산물의 취급 방법

다. 수확 후 관리 시설의 관리 방법

라. 우수관리인증농산물의 품목별 수확 후 관리 절차

마. 농산물우수관리시설 근무자의 준수사항 마련 및 자체 관리·감독에 관한 사항

바. 농산물우수관리시설 근무자 교육에 관한 사항

사. 그 밖에 국립농산물품질관리원장이 농산물우수관리시설의 업무수행에 필요하다고 인정해 고시하는 사항

[참고자료]

허용물질의 종류(제3조 제1항 관련)

1. 유기식품 등에 사용 가능한 물질

가. 유기농산물 및 유기임산물

1) 토양 개량과 작물 생육을 위해 사용이 가능한 물질

사용 가능 물질	사용 가능 조건
○ 농장 및 가금류의 퇴구비(堆廐肥) ○ 퇴비화된 가축 배설물 ○ 건조된 농장 퇴구비 및 탈수한 가금 퇴구비	○ 별표3 제2호 다목 5)에 적합할 것
○ 식물 또는 식물 잔류물로 만든 퇴비	○ 충분히 부숙(腐熟)된 것일 것
○ 버섯 재배 및 지렁이 양식에서 생긴 퇴비	○ 버섯 재배 및 지렁이 양식에 사용되는 자재는 이 목 1)에서 사용이 가능한 것으로 규정된 물질만을 사용할 것
○ 지렁이 또는 곤충으로부터 온 부식토	○ 지렁이 및 곤충의 먹이는 이 목 1)에서 사용이 가능한 것으로 규정된 물질만을 사용할 것
○ 식품 및 섬유공장의 유기적 부산물	○ 합성첨가물이 포함되어 있지 않을 것
○ 유기농장 부산물로 만든 비료	○ 화학물질의 첨가나 화학적 제조공정을 거치지 않을 것

사용 가능 물질	사용 가능 조건
○ 혈분·육분·골분·깃털분 등 도축장과 수산물 가공공장에서 나온 동물 부산물	○ 화학물질의 첨가나 화학적 제조공정을 거치지 않아야 하고, 항생물질이 검출되지 않을 것
○ 대두박, 미강 유박, 깻묵 등 식물성 유박(油粕)류	○ 유전자를 변형한 물질이 포함되지 않을 것 ○ 최종 제품에 화학물질이 남지 않을 것
○ 제당산업의 부산물[당밀, 비나스(Vinasse), 식품 등급의 설탕, 포도당 포함]	○ 유해 화학물질로 처리되지 않을 것
○ 유기농업에서 유래한 재료를 가공하는 산업의 부산물	○ 합성첨가물이 포함되어 있지 않을 것
○ 오줌	○ 충분한 발효와 희석을 거쳐 사용할 것
○ 사람의 배설물	○ 완전히 발효되어 부숙된 것일 것 ○ 고온발효: 50℃ 이상에서 7일 이상 발효된 것 ○ 저온발효: 6개월 이상 발효된 것일 것 ○ 엽채류 등 농산물·임산물의 사람이 직접 먹는 부위에는 사용 금지
○ 벌레 등 자연적으로 생긴 유기체	
○ 구아노(Guano:바닷새, 박쥐 등의 배설물)	○ 화학물질 첨가나 화학적 제조 공정을 거치지 않을 것
○ 짚, 왕겨 및 산야초	○ 비료화해 사용할 경우에는 화학물질 첨가나 화학적 제조공정을 거치지 않을 것
○ 톱밥, 나무껍질 및 목재 부스러기 ○ 나무 숯 및 나뭇재	○ 「폐기물관리법 시행규칙」에 따라 환경부 장관이 고시하는 「폐목재의 분류 및 재활용기준」의 1등급에 해당하는 목재 또는 그 목재의 부산물을 원료로 해 생산한 것일 것
○ 황산칼륨, 랑베이니트(해수의 증발로 생성된 암염) 또는 광물염 ○ 석회소다 염화물 ○ 석회질 마그네슘 암석 ○ 마그네슘 암석 ○ 사리염(황산마그네슘) 및 천연석	○ 천연에서 유래해야 하고, 단순 물리적으로 가공한 것일 것 ○ 사람의 건강 또는 농업 환경에 위해(危害) 요소로 작용하는 광물질(예: 석면광, 수은광 등)은 사용할 수 없음
○ 황산칼슘 ○ 석회석 등 자연에서 유래한 탄산칼슘 ○ 점토광물(벤토나이트·펄라이트 및 제올라이트·일라이트 등) ○ 질석(Vermiculite:풍화한 흑운모) ○ 붕소·철·망간·구리·몰리브덴 및 아연 등 미량원소	

사용 가능 물질	사용 가능 조건
○ 칼륨암석 및 채굴된 칼륨염	○ 천연에서 유래해야 하고 단순 물리적으로 가공한 것으로 염소 함량이 60% 미만일 것
○ 천연 인광석 및 인산알루미늄칼슘	○ 천연에서 유래해야 하고 단순 물리적 공정으로 제조된 것이어야 하며, 인을 오산화인(P_2O_5)으로 환산해 1kg 중 카드뮴이 90mg/kg 이하일 것
○ 자연암석 분말·분쇄석 또는 그 용액	○ 화학물질의 첨가나 화학적 제조공정을 거치지 않을 것 ○ 사람의 건강 또는 농업환경에 위해 요소로 작용하는 광물질이 포함된 암석은 사용할 수 없음
○ 광물을 제련하고 남은 찌꺼기[베이직 슬래그, 광재(鑛滓)]	○ 광물의 제련 과정에서 나온 것(예 : 비료 제조 시 화학물질이 포함되지 않은 규산질 비료)
○ 염화나트륨(소금)	○ 채굴한 암염 및 천일염(잔류농약이 검출되지 않아야 함)일 것
○ 목초액	○ 「목재의 지속가능한 이용에 관한 법률」 제20조에 따라 국립산림과학원장이 고시한 규격 및 품질 등에 적합할 것
○ 키토산	○ 농촌진흥청장이 정해 고시한 품질 규격에 적합할 것
○ 미생물 및 미생물추출물	○ 미생물의 배양 과정이 끝난 후에 화학물질의 첨가나 화학적 제조 공정을 거치지 않을 것
○ 이탄(泥炭, Peat), 토탄(土炭, peat moss), 토탄 추출물	
○ 해조류, 해조류 추출물, 해조류 퇴적물	
○ 황	
○ 스틸리지(stillage) 및 스틸리지 추출물(암모니아 스틸리지는 제외한다)	

2) 병해충 관리를 위해 사용이 가능한 물질

사용 가능 물질	사용 가능 조건
○ 제충국 추출물	○ 제충국(Chrysanthemum cinerariae folium)에서 추출된 천연물질일 것
○ 데리스(Derris) 추출물	○ 데리스(Derris spp., Lonchocarpus spp. 및 Terphrosia spp.)에서 추출된 천연물질일 것

사용 가능 물질	사용 가능 조건
○ 쿠아시아(Quassia) 추출물	○ 쿠아시아(Quassia amara)에서 추출된 천연물질일 것
○ 라이아니아(Ryania) 추출물	○ 라이아니아(Ryania speciosa)에서 추출된 천연물질일 것
○ 님(Neem) 추출물	○ 님(Azadirachta indica)에서 추출된 천연물질일 것
○ 해수 및 천일염	○ 잔류 농약이 검출되지 않을 것
○ 젤라틴(Gelatine)	○ 크롬(Cr) 처리 등 화학적 공정을 거치지 않을 것
○ 난황(卵黃, 계란 노른자 포함)	○ 화학물질이나 화학적 제조 공정을 거치지 않을 것
○ 식초 등 천연산	○ 화학물질의 첨가나 화학적 제조공정을 거치지 않을 것
○ 누룩곰팡이(Aspergillus)의 발효 생산물	○ 미생물의 배양 과정이 끝난 후에 화학물질의 첨가나 화학적 제조 공정을 거치지 않을 것
○ 목초액	○ 「목재의 지속 가능한 이용에 관한 법률」 제20조에 따라 국립산림과학원장이 고시한 규격 및 품질 등에 적합할 것
○ 담배잎차(순수니코틴은 제외)	○ 물로 추출한 것일 것
○ 키토산	○ 농촌진흥청장이 정해 고시한 품질 규격에 적합할 것
○ 밀납(Beeswax) 및 프로폴리스(Propolis)	
○ 동식물성 오일	○ 천연유화제로 제조할 경우에 한해 수산화칼륨은 동물성·식물성 오일 사용량 이하로 최소화해 사용할 것. 다만 인증품 생산계획서에 등록하고 사용할 것
○ 해조류·해조류 가루·해조류 추출액	
○ 인지질(lecithin)	
○ 카제인(유단백질)	
○ 버섯 추출액	
○ 클로렐라(담수녹조) 추출액	
○ 천연식물(약초 등)에서 추출한 제재(담배는 제외)	

사용 가능 물질	사용 가능 조건
○ 구리염 ○ 보르도액 ○ 수산화동 ○ 산염화동 ○ 부르고뉴액	○ 토양에 구리가 축적되지 않도록 필요한 최소량만을 사용할 것
○ 생석회(산화칼슘) 및 소석회(수산화칼슘)	○ 토양에 직접 살포하지 않을 것 ○ 석회보르도액 및 석회유황합제 제조용, 버섯 재배사 등 소독용에만 사용할 것
○ 규산염 및 벤토나이트	○ 천연에서 유래하거나 이를 단순 물리적으로 가공한 것만 사용할 것
○ 규산나트륨	○ 천연규사와 탄산나트륨을 이용해 제조한 것일 것
○ 규조토	○ 천연에서 유래하고 단순 물리적으로 가공한 것일 것
○ 맥반석 등 광물질 가루	○ 천연에서 유래하고 단순 물리적으로 가공한 것일 것 ○ 사람의 건강 또는 농업 환경에 위해 요소로 작용하는 광물질(예: 석면광 및 수은광 등)은 사용할 수 없음
○ 인산철	○ 달팽이 관리용으로만 사용할 것만 해당함
○ 파라핀 오일	
○ 중탄산나트륨 및 중탄산칼륨	
○ 과망간산칼륨	○ 과수의 병해 관리용으로만 사용할 것
○ 황	○ 액상화할 경우에 한해 수산화나트륨은 황 사용량 이하로 최소화해 사용할 것. 반드시 인증품 생산계획서에 등록하고 사용할 것
○ 미생물 및 미생물 추출물	○ 미생물의 배양 과정이 끝난 후에 화학물질의 첨가나 화학적 제조 공정을 거치지 않을 것
○ 천적	○ 생태계 교란종이 아닐 것
○ 성 유인 물질(페로몬)	○ 작물에 직접 처리하지 않을 것(덫에만 사용할 것)
○ 메타알데하이드	○ 별도 용기에 담아서 사용하고, 토양이나 작물에 직접 처리하지 않을 것(덫에만 사용할 것)
○ 이산화탄소 및 질소가스	○ 과실 창고의 대기 농도 조정용으로만 사용할 것
○ 비누(Potassium Soaps)	
○ 에틸알콜	○ 발효주정일 것

사용 가능 물질	사용 가능 조건
○ 허브식물 및 기피식물	○ 생태계 교란종이 아닐 것
○ 기계유	○ 과수농가의 월동 해충 구제용에만 허용 ○ 수확기 과실에 직접 사용하지 않을 것
○ 웅성불임곤충	

유기 재배

본 내용은 농촌진흥청 농업과학기술원에서 발간한 '2006 상추 유기 재배 매뉴얼'을 요약한 것으로 전환 기간 이상을 유기합성 농약과 화학 비료를 일절 사용하지 않고 재배하는 것을 유기 재배라 한다. 유기 재배에서는 유기 종자를 사용하는 것이 원칙이며 GMO 종자나 화학적으로 처리한 종자를 사용해서는 안 된다. 다만 일반적인 방법으로 유기 종자를 구할 수 없을 때는 예외로 한다. 이렇게 생산된 유기 농산물에는 아래와 같은 표기를 한다.

〈표 4-20〉 유기 농산물의 기준과 표시

유기 농산물 표시	기준
	전환 기간 이상을 유기합성 농약과 화학 비료를 일절 사용하지 않고 재배 (전환 기간 : 다년생 작물은 3년, 그 외 작물은 2년)
	● 유기 농산물, 유기 축산물 또는 유기 ○○ (○○는 농산물의 일반적 명칭으로 한다) ● 유기 재배 농산물, 유기 재배○○ 또는 유기 축산물○○

가. 토양 관리

(1) 관리 요인

상추는 토양 산도에 민감한 채소이므로 토양 산도가 pH 6을 크게 벗어나지 않도록 관리한다. pH가 낮은 곳에서는 석회고토 분말 등을 이용해 pH를 높여 준다.

다년간 연작한 상추 재배지인 경우 염류 집적으로 인한 피해가 흔히 발생한다. 상추의 생육이 불량하고 특별한 병 증상이 발견되지 않으면 토양 검정 후 전기 전도도를 1.5mS/cm 이하로 유지되도록 관리한다.

상추는 토양 산소 부족에 견디는 힘이 강한 채소이나 통기성이 5% 이하(물 빠짐이 불량하고 물이 고여 있는 상태)가 되면 생육이 저하된다. 지하수위가 높아 과습한 토양이나 배수가 불량한 토양 또는 점질 양토는 통기가 불량하므로 퇴비를 넣어 통기가 잘 되도록 해야 한다.

(2) 퇴비 시용

상추는 생식 채소이므로 완숙퇴비만 사용하도록 하고 인분뇨의 사용은 절대 금한다. 점질토양에서는 양토 또는 사질양토보다 시비량을 줄이는데, 특히 질소와 칼륨 성분을 반 정도 적게 투입한다. 결구상추는 잎상추보다 다소 많은 양의 양분을 필요로 하며 인산질이 부족하면 결구가 잘 되지 않는다.

(3) 유기퇴비 제조 기술

유기물 공급원으로 볏짚, 파쇄목, 산야초 등을, 양분 공급원으로 쌀겨, 깻묵, 식물성 유박 등을 이용한다. 주재료와 부재료를 층층이 혼합(질소 함량 1% 이상 함유됨)하고, 수분이 50~60%(손으로 쥐어서 물이 스며 나올 정도)가 유지되도록 잘 섞어준다. 혼합한 원료는 30~60℃를 유지하면서 12~14주 쌓아둔다. 이때 빗물에 의한 유출수 방지 및 보온을 위해 퇴비 더미를 비닐 등으로 비가림 설치하는 것이 좋다. 퇴비화 과정을 촉진시키고 균질한 부숙을 위해 약 2주 간격으로 뒤집어준다. 30일 이상 후숙시킨 후 사용하면 된다.

〈표 4-21〉 유기물원의 화학적 특성

유기물원		pH	유기물 (%)	질소 (%)	C/N율 (탄질비)	인산 (%)	칼륨 (%)
주재료	볏짚	6.4	89	0.67	77	0.28	0.89
	파쇄목	6.3	93	0.12	450	0.03	0.39
	수피	4.6	91	0.31	170	0.52	0.73
	톱밥	4.9	94	0.08	680	0.12	0.19
부재료	깻묵	5.6	88	6.50	7.8	3.01	1.36
	쌀겨	6.1	91	2.25	23	4.31	2.57
산야초		4.4	96	2.58	22	2.48	2.10

(4) 피복 및 녹비 작물

콩과 녹비 작물의 뿌리는 심근성이므로 토양을 경운하는 효과를 주어 토양 물리성
이 개선된다. 공기 중의 질소를 고정·이용하고 그 일부를 땅 속에 남겨 지력 증진
에 도움을 준다.

녹비 작물의 뿌리로부터 나오는 분비물과 갈아엎은 녹비를 먹이로 하는 유효 미생
물의 밀도를 높일 수 있으며, 미생물에 의해 분해된 부식이 양분을 유지함으로써
토양의 보비력도 증대된다. 시설 하우스 내 과잉염류를 녹비 작물이 흡수해 추출
함으로써 토양 염류 장해를 경감시키고 표토의 풍식을 방지하는 효과도 있다.

상추 재배 시 유용한 녹비 작물에는 수단그라스, 귀리, 클로타라리아 등이 있는데
수단그라스를 60일 정도 키운 후 토양 개량제로 이용했을 때 당근뿌리혹선충의 밀
도를 줄이는 효과가 있다. 귀리는 초기 생육이 빨라 잡초의 조기 억제뿐만 아니라
다량의 유기물을 얻을 수 있고 타 녹비에 비해 파종과 재배가 용이하다. 클로타라
리아는 줄기 속이 비어있어 장기간 재배해도 딱딱해지지 않고 갈아엎기 쉬우며,
선충 억제 효과의 폭이 넓으므로 장기간 재배 시 여러 종의 선충을 퇴치할 수 있다.

(5) 윤작 및 간작

한 재배지에 연작을 하지 않고 몇 가지 작물을 특정한 순서에 따라 규칙적으로 반
복해 재배해 나가는 것을 윤작이라고 한다. 윤작은 유기 재배의 기본으로 지력의
유지 및 증진, 기지 현상의 회피에 필수적 실천사항이다.

한 종류의 작물이 생육하고 있는 이랑 사이 또는 포기 사이에 한정된 기간 동안 다

른 작물을 파종하거나 심어서 재배하는 것을 간작이라고 한다. 간작은 작물 간의 상호작용을 증진시키기 위한 방법으로 생산성 향상, 잡초 방제, 해충 방제 등의 이점이 있다. 상추 재배 후 얼갈이배추·오이 등을 번갈아 재배하거나, 잠두와 상추를 1열대 1열, 또는 2열대 2열로 심었을 때 잡초 억제 효과가 크다는 연구 결과가 있다.

나. 연작 장해 관리

상추는 다른 작물에 비해 연작에 견디는 힘이 약하므로 연작 피해 시 최소 2년 이상 휴작을 해야 한다. 연작 장해에 대한 가장 확실한 대책은 다른 작물과 2~3년 정도 윤작을 하는 것이다. 연작이 불가피할 경우 각 원인별로 시설 환경을 조절해주어야 하는데 담수, 태양열 소독 등을 이용한다. 작물 재배 후 여름철 고온기에 토양을 담수 상태로 2~3주간 방치하면 토양이 혐기 상태가 되어, 밭 상태에서 번식이 왕성한 병원균과 선충을 방제하는 효과가 있다. 태양열 소독은 고온기 시설 밭 토양에 물을 대고 백색 비닐로 멀칭해 표토 온도를 60℃ 정도 상승시킨 뒤 30일 정도 방치하면 된다.

〈표 4-22〉 연작 장해 요인별 대책

원인	대책
토양 전염성 병해충	태양열 소독, 저항성 품종 이용, 종묘 소독, 윤작, 이병주 발견 즉시 제거, 피해 재배지 수확 후 담수, 심경, 유기물 시용, 산도 교정, 작기의 이동, 길항미생물 이용
염류 집적	염류 제거(담수 포함), 시비 개선, 유기물 시용, 심경
무기요소 불균형	토양 진단에 의한 시비 개선, 유기물 시용, 심경
습해	배수시설의 정비, 유기물 시용, 높은 이랑 재배

다. 유기 자재 활용 기술

(1) 난황유

난황유는 식용유를 계란 노른자로 유화시킨 유기농 작물 보호 자재로 상추 재배에서는 흰가루병, 노균병, 응애, 진딧물, 총채벌레 등에 대한 예방 효과가 높다. 소량의 물에 계란 노른자를 넣고 2~3분간 믹서로 간 후 식용유를 첨가해 다시 믹서로 3~5분간 섞어준다. 만들어진 난황유를 물에 희석해서 골고루 묻도록 살포한다. 난황유는 작물 표면에 피막을 형성하므로 자주 살포하거나 농도가 높으면 작물 생육이 억제될 수 있으며 꿀벌이나 천적 등에도 피해를 줄 수 있으므로 사용상 주의가 필요하다.

〈표 4-23〉 살포량별 필요한 식용유와 계란 노른자 양

재료별	병 발생 전(0.3% 난황유)			병 발생 후(0.5% 난황유)		
	20L	200L	500L	20L	200L	500L
식용유	60mL	600mL	1.5L	100mL	1L	2.5L
계란 노른자	1개	7개	15개	1개	7개	15개

(2) 베이킹파우더

베이킹파우더 20g을 물 20L에 희석해 매주 사용했을 때 흰가루병과 노균병, 잿빛곰팡이병을 억제할 수 있다. 베이킹파우더 단독 사용보다는 천연비눗물이나 난황유 등과 혼합 사용하면 효과를 높일 수 있다.

(3) 식물 추출물

님 오일은 식물의 열매에서 추출한 기름으로 살균 효과뿐 아니라 살충, 살진드기 효과도 있다. 하지만 천적과 꿀벌에 피해를 줄 수 있으므로 사용 시 주의한다. 마늘과 고추 추출물은 꽃노랑총채벌레 등 각종 해충 방제 목적으로 활용할 수 있다. 두 뿌리의 마늘, 두 개의 고추, 3분의 1 정도의 물을 채워 믹서로 간다. 건더기를 버린 후 물을 부어 4L를 만들고, 혼합물 4분의 1컵에 2스푼의 식물성 기름을 섞는다. 여기에 다시 물을 부어 4L로 만들고 잘 섞어 분무기로 살포한다.

(4) 공기순환팬

시설 하우스 천장에 공기순환팬을 설치해 내부 공기 흐름을 원활하게 함으로써 작물의 생산성을 높이고 병해충 발생을 줄일 수 있다. 비가림 시설 하우스 200평에 16~18개(약 6~7m 간격)를 천장(높이 1.8m)에 설치하고 15~30분 간격으로 24시간 작동시킨다. 시설 하우스 내부 온도가 10℃ 이하인 경우에는 작물이 저온 스트레스를 받을 수 있으므로 주의한다.

(5) 태양열 소독

태양열 소독은 비닐하우스 재배에서 문제가 되는 선충이나 토양 해충을 방제하는데 효과적이다. 토양 표면에 있는 잡초 종자를 방제하는 데도 효과가 있다. 노지에서는 상토용 비닐에 10~15cm 두께로 흙을 넣고 10~15일간 방치해 햇볕에 소독해도 효과적이다. 지중 가온 시설이 보급된 농가에서는 담수 처리 후 지온을 50℃ 이상 되도록 5일간 가온할 경우 토양 전염성 병원균과 선충을 방제할 수 있다.

【부록】국내 유기농업에 허용되는 자재 목록

〈부표 1〉 토양 개량과 작물 생육을 위해 사용이 가능한 자재

사용이 가능한 자재	사용 가능 조건
○ 농장 및 가금류의 퇴구비	○ 농약 등 화학합성물질이 포함되어 있지 아니할 것
○ 오줌	
○ 퇴비화된 가축 배설물 및 유기질 비료	○ 농촌진흥청장이 고시한 품질 규격에 적합할 것
○ 건조된 농장퇴비구 및 탈수한 가금 퇴구비	
○ 질소질 구아노	○ 농약 등 화학합성물질이 포함되어 있지 아니할 것
○ 짚 및 산야초	
○버섯 재배 및 지렁이 양식에서 생긴 퇴비	○ 지렁이 양식용 자재는 부록의 표1 및 표2에서 사용 가능한 것으로 규정된 자재만을 사용할 것
○ 유기농장 부산물로 만든 비료	
○ 식물 잔류물로 만든 비료	
○ 혈분, 육분, 골분, 깃털분 등 도축장과 수산물 가공공장에서 나온 가공 제품	○ 농촌진흥청장이 고시한 품질 규격에 적합할 것
○ 식품 및 섬유공장의 유기적 부산물	
○ 해조류 및 해조류제품	○ 합성첨가물이 포함되어 있지 아니할 것
○ 톱밥, 나무껍질 및 목재 부스러기	○ 폐가구 목재의 톱밥 및 부스러기가 포함되어 있지 아니할 것
○ 나무숯 및 나무재	
○ 천연 인광성	
○ 칼륨암석 및 채굴된 칼륨염	
○ 황산칼륨	○ 물리적 공정으로 제조된 것일 것
○ 해조류 퇴적물, 석회석 등 자연산 탄산칼슘	

사용이 가능한 자재	사용 가능 조건
○ 마그네슘 암석	
○ 석회질 마그네슘 암석	
○ 황산마그네슘 및 천연석고	
○ 스틸리지 및 스틸리지 추출물 (암모니아 스틸리지를 제외한다)	
○ 염화나트륨	
○ 인산알루미늄칼슘	
○ 붕소, 철, 망간, 구리, 몰리브덴 및 아연 등 미량원소	
○ 황	
○ 자연암석분말·분쇄석 또는 그 용액	○ 화학합성물질로 용해한 것이 아닐 것
○ 벤토나이트, 펄라이트, 제오라이트	
○ 벌레 등 자연적으로 생긴 유기체	
○ 질석	
○ 이탄(Peat)	
○ 피트모스	
○ 지렁이 또는 곤충으로부터 온 부식토	
○ 석회소다 염화물	
○ 사람의 배설물	○ 완전히 발효되어 부숙된 것일 것
○ 제당산업의 부산물	
○ 유기농업에서 유래한 재료를 가공하는 산업의 부산물	
○ 목초액	○ 산림법에 의해 고시된 규격 및 품질 등에 적합할 것
○ 석회질 및 규산질 비료	○ 비료 관리법에 의한 공정규격에 적합할 것
○ 미생물 제재	○ 농촌진흥청장이 고시한 품질 규격에 적합할 것
○ 키토산	○ 농촌진흥청장이 고시한 품질 규격에 적합할 것
○ 그 밖에 농림부 장관이 고시한 자재	

〈부표 2〉 병해충 관리를 위해 사용이 가능한 자재

사용이 가능한 자재	사용 가능 조건
식물과 동물	
○ 제충국 제제	○ 제충국에서 추출된 천연물질일 것
○ 데리스 제제	○ 데리스에서 추출된 천연물질일 것
○ 쿠아시스 제제	○ 쿠아시스에서 추출된 천연물질일 것
○ 라이아니아 제제	○ 라이아니아에서 추출된 천연물질일 것
○ 님(Neem) 제제	○ 님에서 추출된 천연물질일 것
○ 밀납	
○ 동식물 유지	
○ 해조류, 해조류 가루, 해조류 추출액, 소금 및 소금물	○ 화학적으로 처리되지 아니한 것일 것
○ 젤라틴	
○ 인지질	
○ 카제인	
○ 식초 및 천연산	
○ 누룩곰팡이(Aspergillas)의 발효	
○ 버섯 추출액	
○ 클로렐라의 추출액	
○ 천연식물에서 추출한 제제, 천연약초, 한약재 및 목초액	○ 목초액은 산림법에 의해 고시된 규격 및 품질 등에 적합할 것
○ 담배잎차(순수 니코틴은 제외)	
미네랄	
○ 보르도액, 수산화동 및 산염화동	
○ 부르고뉴액	
○ 구리염	
○ 유황	
○ 맥반석 등 광물질 분말	
○ 규조토	
○ 규산염 및 벤토나이트	
○ 규산나트륨	
○ 중탄산나트륨 및 생석회	
○ 과망간산칼륨	

사용이 가능한 자재	사용 가능 조건
○ 탄산칼슘	
○ 파라핀유	
○ 키토산	○ 농촌진흥청장이 고시한 품질 규격에 적합할 것
생물학적 병해충 관리를 위해 사용되는 자재	
○ 미생물 제제	○ 농촌진흥청장이 고시한 품질 규격에 적합할 것
○ 천적	○ 농촌진흥청장이 고시한 품질 규격에 적합할 것
기타	
○ 이산화탄소 및 질소가스	
○ 비눗물	○ 화학합성 비누 및 합성세제는 사용하지 아니할 것
○ 에틸알코올	
○ 동종요법 및 아유베딕(Ayurvedic)제제	
○ 향신료, 바이오다이나믹제제 및 기피식물	
○ 웅성불임곤충	
○ 기계유제	
덫	
○ 성유인물질(페로몬)	○ 작물에 직접 살포하지 아니할 것
○ 메타알데하이드를 주성분으로 한 제제	
○ 그 밖에 농림부 장관이 고시한 제제	

자료 : 2006 상추 유기 재배 매뉴얼, 농업과학기술원

상추

상추의 생리 장해

제5장

01 영양 결핍

요즈음 웰빙(well-being) 시대에 발맞추어 결구상추 및 상추의 생산과 소비가 꾸준히 증가되고 있다. 이에 따라 재배 농가에서 부닥치는 많은 생리 장해가 문제가 되고 있는데, 이의 원인과 대책을 소개하고자 한다.

마그네슘 결핍증

외잎의 잎맥 사이가 황변한다. 응급대책으로는 황산마그네슘 1% 용액을 일주일 간격으로 몇 번에 걸쳐 살포한다. 토양의 마그네슘 함량이 부족하면 고토석회, 수산화마그네슘, 황산마그네슘을 토양 조건에 알맞게 사용한다. 염기 균형이 나빠 칼륨이나 석회가 많이 들어 있는 경우 염기 균형이 좋게 유지되도록 시비 개선을 한다.

칼슘 결핍증

속잎의 잎맥이 갈변하는 동시에 생육이 저해된다. 이에 대한 대책으로 염화칼슘 또는 제1인산칼슘 0.3%액을 몇 번에 걸쳐 살포한다. 토양이 건조하지 않게 주의해서 재배하고 질소나 칼륨을 많이 사용하지 않는다. 산성토양이라면 고토석회 등 석회 자재를 사용해서 칼슘 함량을 높인다.

아연 결핍증

외잎부터 말라 들어가고 생육이 떨어진다. 응급대책으로 0.2% 황산아연 용액
(약해 방지를 위해 석회 가용)을 엽면살포한다. 석회유황합제에 황산아연을 혼
용해 살포해도 좋다. 석회제제의 사용을 중지하고 토양 반응이 산성으로 기울
어지도록 적극적으로 산성 비료를 사용한다. 아연 함량이 부족한 경우에는 황
산아연 1kg/10a 정도를 균일하게 사용한다.

망간 결핍증

잎맥 사이가 담록화하고 작은 백색 반점이 불규칙하게 생긴다. 응급대책으로
0.2% 황산망간액을 일주일 간격으로 몇 번에 걸쳐 엽면살포한다. 토양 반응
이 중성에서 알칼리성인 경우, 알칼리 자재의 사용을 중지하고 동시에 토양 반
응이 개선될 때까지 적극적으로 유안, 황산칼륨 등의 산성 비료를 써서 토양의
pH를 교정한다. 함량이 부족하다면 황산망간 등 망간 자재를 토양 조건에 맞
추어 필요량만 사용한다.

붕소 결핍증

잎과 줄기가 경화되고 잎이 바깥으로 말리기 쉽다. 속잎의 생육이 저해되
는 동시에 잎이 황화하기 시작한다. 대책으로는 붕소 0.3%(같은 양의 생석
회 가용)를 몇 차례에 걸쳐 살포한다. 함량이 부족한 재배지는 정식 전에 붕소
0.5~1kg/10a를 물에 녹여 전면에 균일하게 사용한다. 토양이 건조하지 않게
재배한다.

02 영양 과잉

망간 과잉증

외잎의 잎맥 사이에 갈색의 작은 반점이 생기면서 어린잎의 잎맥 사이가 담록·황변한다. 대책으로 산성토양에서 과잉 장해가 발생하는 경우라면 석회질 비료를 사용해 토양의 pH를 높이고 망간의 불용화를 꾀한다. 환원 상태에서 장해가 발생하는 경우 토양을 적당히 건조시켜 산화 상태를 유지해 망간을 불용화시킨다.

아연 과잉증

잎 색깔은 전체적으로 담록화하고 생육이 떨어진다. 석회질 비료를 사용해 토양의 pH를 높이고 아연의 불용화를 꾀한다. 혹은 객토로 작물의 근권을 변화시키고 과잉 부분을 제거하며 흙뒤집기로 심토를 혼합해서 함량 저하를 꾀하는 등의 대책을 마련한다.

붕소 과잉증

외잎의 잎 가장자리에 부정형의 반점이 생긴다. 대책으로 투수성이 좋은 곳에서는 다량 관수해서 붕소를 유실시키고 알칼리 자재를 사용해 토양의 pH를 상승시킨다.

03 생리 장해

팁번

석회 결핍증에 의해 유기되며 외엽의 엽맥 사이에 갈색의 부정형 반점이 생기고 생육이 떨어진다. 칼슘의 흡수가 건조, 다칼륨, 저온, 고온으로 인해 저해되면서 구엽에 팁번(Tib burn)이 발생한다. 팁번은 비대 불량을 초래할 뿐만 아니라, 2차적으로 박테리아가 조직에 침투하고 정상구마저 내부엽이 부패한 장해구가 된다. 석회 결핍증(잎 부패 현상, 끝마름병) 방제를 위해 합리적 시비와 토양 수분에 주의하고, 석회 결핍증이 예상되거나 증상이 발견되면 그 즉시 0.5%의 염화칼륨액을 엽면살포하거나 칼륨질 비료를 10a당 3~5kg로 몇 번에 나누어 시용한다.

(그림 5-1) 팁번(외엽)

(그림 5-2) 팁번 결구 내부엽의 발생

중륵 갈변증

결구상추에서 결구 바깥 잎이 활 모양으로 굽은 중륵(中肋) 내부에 갈색의 불규칙한 무늬가 생긴다. 이 병해는 결구 후기에 온도가 너무 높으면 심하게 나타나고 수확 적기가 지나 과숙 시에도 나타난다. 결구기에 고온을 피하고 적기에 수확하도록 한다.

갈색반점병

고온 조건에서 구의 비대 충실 중 결구엽의 호흡이 높고 구내와 높은 탄산가스 농도, 저산소 상태가 되어 결구엽에 갈색 반점이 생긴다. 같은 갈색 반점이 저온 조건에서 구의 비대 충실이 진행되어 갈 때 계속 결구해가면, 결구엽이 노화되고 에틸렌을 발생하면서 생긴다. 위의 생리 장해는 수확 후에도 발생하기 때문에 취급에 주의할 필요가 있다.

이상결구

결구 이상 현상은 고온과 건조로 인한 것으로 재배지 내 환경 관리가 불량할 때 많이 발생하므로 주의해야 한다. 특히 고온에 의해 많이 발생한다.

(그림 5-3) 결구(왼쪽)와 이상결구 증상(오른쪽)

(그림 5-4) 고온에 의한 이상결구 증상

종류	증상	원인
분구 (分球)	구두(球頭)가 여러 갈래로 나뉘어 결구	육묘기의 석회, 칼륨 과다로 인해 붕소의 흡수가 불량, 벌레 및 바람도 일부 영향을 줌
연구 (軟球)	색이 엷고, 엽질이 부드럽다	일조 부족
구형구	구가 비대해져 구의 형태로 된다	결구 개시기에 지나친 비료기의 발효
요고구	구형구보다 더욱 신장해 횡장구가 된다	구비대, 충실기의 고온, 추대
죽순구	내부 잎이 뒤틀려서 죽순구로 결구	결구 직전의 단기적인 과잉 생육
소형구	초기부터 말리기 시작, 비대하지 않고 소구로 됨	저일조, 저온, 건조
컵구	중심부가 컵 형태로 되어 결구 시작	육묘기의 고온, 다량의 질소
풍선구	풍선 형태로 크게 결구해 내부가 충실하지 않음	육묘기의 고온, 다량의 질소
문어발 형구	구 밑동 결구엽의 잎맥이 돌출하고 구가 변형되면서 신장함	외엽의 불충분한 생육과 돌발적인 기상 장해에 따른 것으로 구가 뒤틀리고 구엽 일부의 생육 장해 초래

일소 피해

원인과 증상은 고온(32℃ 이상)에 노출되어 흔하게 발생하는 것으로 고온은 leaf burn, tip burn, 이상결구, 조기추대, 중륵에 관계되는 이상 증상을 유기하기도 한다.

일소 피해가 빈번하게 발생되는 밭에서는 고온이 지속될 경우 스프링

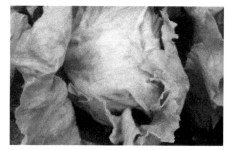

(그림 5-5) 일소 피해를 받은 수확된 결구상추

클러 등을 돌려서 품온을 낮추어 주기도 하고 토양이 건조해지지 않게 주의해서 재배하도록 한다. 질소나 칼륨은 많이 시용하지 않는다.

열구

수확기에 들어 결구 내엽과 외엽이 터지는 현상이다. 영양제 살포와 고농도의 칼슘제 처리로 인해 결구 내엽과 외엽이 터지는 증상이 발생하는 것으로, 이에 대한 대책은 특히 생육 후반기, 수확기에 접어들었을 때 영양제 살포를 지양해야 한다. 작물에 맞는 복합 비료를 이용하는 것도 이런 현상을 줄일 수 있다.

(그림 5-6) 열구 증상

(그림 5-7) 결구 내엽과 외엽이 터지는 증상

화아 분화와 추대

봄 파종과 여름 파종일 때는 추대에 유의해야 한다. 고온이 화아 분화에 직접 관계한다고 생각된다. 장야농시(長野農試)에 따르면 어느 시기에 파종을 해도 수확까지는 화아 분화(화아 분화-정아방 분화-화기 분화의 과정을 나타냄)는 이루어지고 화방 분화와 추대는 고온기만큼 빨라진다. 화아 분화까지는 대개 적산 온도에 의해 그레이트 레이크(Great Lake) 품종의 경우 1,700℃ 정도여야 한다. 한편 추대는 화아 분화 후 온도에 의해 영향을 받으며 고온일수록 빠르게 된다. 25℃ 이상이면 10일 후, 20℃ 정도면 20일 후, 15℃ 이상에서는 30일 후에 추대하고 15℃ 이하에서는 추대까지 꽤 시간이 걸린다고 보고하고 있다. 고온에 의해 화아 분화, 추대가 촉진되기 때문에 여러 가지 큰 주(즉 묘령이 다른 묘)를 고온에 두고 화아 분화에 필요한 일수를 조사하면 대묘만큼은 짧은 시기에 분화함과 동시에 추대하기 쉽다. 이러한 경향은 품종 간에 차이가 있는 것으로 조사되었다. 즉 모든 품종에서 대주만큼(경이 두터운 만큼) 짧은 기간 고온에 노출되면 화아가 분화한다. 그런데 어느 일정 이상의 경(줄기) 두께가 되기까지는 고온에 노출되어도 화아 분화가 촉진되지 않는다. 즉 묘의 크기에 따라 화아가 형성하는 데는 어느 일정 기간의 고온이 필요한 것 같다. 그 한계는 크기와 그때 필요한 고온 일수에 따라 달라질 것이다. 사라다나(Saradana), 뉴욕(New York) 품종은 추대하기 쉬운 품종이고 그레이트 레이크(Great Lake)와 베리 마켓(Very Market) 품종은 추대하기 어려운 품종으로 알려져 있다. 화아 분화 및 추대에 대해 낮의 고온 시기의 영향을 살펴보면 대개 12시간 이상 주간 온도가 높으면 고온의 영향이 지속되고, 이 시간이 긴 만큼 효과도 높다. 거꾸로 주간의 고온 시간보다 야간의 저온 시간 쪽이 길게 되면 화성에 대한 고온의 자극 효과는 야온에 의해 제거되어 화성이 억제될 뿐만 아니라 추대도 억제된다. 따라서 여름 이외의 시기에는 화성(花成)의 우려가 적다.

화성이란 생장점에 화아가 형성되고 영양 생장부터 생식 생장으로 변화하는 현상을 말한다. 종자가 발아한 후 저온과 조우하면 추대하기 쉽다. 종자는 5℃에서 20일간 처리하면 완전히 촉진하게 된다. 람파포트(Rapaport)의 연구에서는 종자를 저온 처리, 야간 고온, 장일에 의해 화성이 촉진된다고 보고하고 있다. 이러한 효과는 채종 재배에 이용할 수 있다. 지온이 높아지면 추대, 개화가 촉진되고 불결구로 끝날 정도가 된다. 여름철 재배를 할 때 볏짚 등으로 지온 저하를 하는 것도 중요한 추대 방지법이다. 또 화아 분화 후 온도가 높아지는 만큼 추대는 촉진된다.

(그림 5-8) 상추의 추대 전경

대상합생

이상 발육에 따라 줄기에서 주로 많이 발생하는데, 화탁에도 생기기도 한다. 겨울철 저온기에 재배할 경우, 품종 간에도 차이가 많이 생기며 생장조절제를 처리했을 때도 이런 현상을 발견할 수 있다. 아직 정확한 원인은 밝혀지지 않았지만 줄기에서 과도한 이상 발육에 의해 줄기가 붙는 현상이다. 과다 시비, 질소 과잉 등을 피해서 재배해야 하며 저온을 경과한 다음 급격하게 영양 생장을 할 때에도 발생하므로 주의해야 한다.

(그림 5-9) 줄기에 발생한 대상합생

(그림 5-10) 화탁과 화기에서 발생한 대상합생

04 저장 장해

심부패

붕소의 흡수가 칼슘과 같이 환경으로 인해 저해되면 결구 속이 부패하는 구가 발생하며, 내부 엽의 발육이 억제되어 구의 비대충실을 기대할 수 없다.

중륵적변증

중륵적변증(Pink rib)은 결구상추의 수확 후 나타나는 장해이다. 성숙기가 지난 결구상추에서 가장 많이 발생한다. 약간 이런 현상이 이미 진전된 결구상추라도 이과정과 연관된 스트레스들로 인해 장해를 더 조장하지는 않는다.

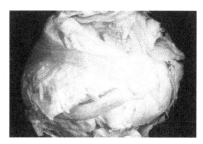

(그림 5-11) 중륵적변증(Pink rib)
사진(Compendium of lettuce disease)

중륵적변증의 증상은 외엽의 기주에서 엽록 사이에 있는 중륵 조직에 영향을 미친다. 이것은 결구엽에서 가장 흔하게 볼 수 있으며, 이러한 분홍색은 외엽에서도 발견된다. 심한 경우 어린잎을 제외하고 모든 잎의 줄기에 붉은색 이상 증상이 진전되기도 한다. 원인은 아직 알려지지 않았고, 저산소와 누적된 저장 온도가 중륵적변증을 조장한다고 할 수 있다.

중륵적변증이 발생하면 적절한 저장 온도를 유지해서 호흡을 감소시키고, 환기를 함으로써 저산소와 이산화탄소의 축적을 방지한다. 장해가 심각하면 적절히 성숙했을 때 수확함으로써 줄일 수 있다.

적갈색반점 증상

적갈색반점 증상(Russet spotting)은 결구상추와 로메인상추의 수확 후 발생하는 장해이다. 드물게는 재배지에서 발생하기도 하고, 생물학적·무생물학적 스트레스를 받은 후에도 발생한다. 다른 형의 상추들에는 적갈색반점 증상이 잘 발생하지 않는다.

상추 잎의 기부인 중륵은 엽록소가 없고 가장 적갈색반점 증상이 발생하기 쉬운 조직이다.

갈색이고 약간 움푹 들어가 있고, 달걀 모양(2×4mm)의 상처가 이 장해의 특징이다. 극심한 경우 갈색 부위가 녹색의 중륵 조직에도 나타나고 잎 끝에도 나타난다. 이 부위가 마르고 건조하지만, 2차 감염이 나타나는 것은 드물다. 결구 후기에 가서 온도가 너무 높으면 이 장해가 심하게 나타나며, 수확 적기가 지나 과숙 시에도 심해지므로 결구기 때 고온을 막고 적기에 수확하도록 한다.

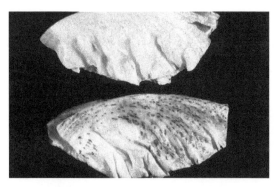

(그림 5-12) 갈색반점 증상(Russet spotting)
사진(Compendium of lettuce disease)

상추

병해충 생태 및 방제

제6장

1. 병해
2. 해충

01 병해

모자이크병(Mosaic)

Lettuce mosaic virus(LMV), *Cucumber mosaic virus*(CMV)

가. 병 증상

식물체의 생육이 위축되고 잎에 노란 반점, 뒤틀림, 괴사 반점 등이 나타난다. 결구상추가 초기에 감염되면 심하게 위축되어 작은 구가 되고 상품성이 떨어진다.

(그림 6-1) 오이모자이크병 발생 포기

나. 발생 생태

LMV는 종자 전염, 즙액 전염 및 진딧물에 의해 전염된다. 감염된 식물체에서 생산된 종자의 1~10%가 감염되어 있고 1차 전염원이 된다. 국내 전 지역에 분포되어 있으며 상추에서만 발생되는 것으로 보고되어 있다. CMV는 토마토, 가지, 고추, 오이, 참외, 멜론, 상추 등 기주 범위가 넓기 때문에 전염원은 어느 재배지든 있고 80종 이상의 진딧물에 의해 비영속 전염을 하므로 전파가 쉽게 이루어진다.

다. 방제법

진딧물에 의한 전염이 많으므로 진딧물의 기주를 제거하고 살충제를 살포해 방제한다. 전작물의 잔재물을 제거하고 작물의 파종 시기 및 이식 시기를 조절한다. 바이러스의 잠재적인 보존원인 잡초나 중간 기주를 제거하고 전염원이 되는 이병식물은 발견 즉시 제거한다.

무름병(軟腐病, Soft rot)

Pectobacterium carotovorum subsp. *carotovorum* (Jones) Hauben et al.

가. 병 증상

하우스 재배에서 많이 발생하고 노지에서도 피해가 심하다. 노지에서는 초기에 담갈색 수침상의 병반이 형성되면서 급속히 시들다가 진전되면 도관이 갈색으로 변하며 줄기가 녹아 내린다. 결구형은 아래 잎부터 흑갈색으로 감염되어 시들다가 포기 전체가 악취를 내며 부패한다. 이 병은 특히 수확기에 가장 감수성이 높고 수확 후의 수송이나 저장 중에도 피해를 많이 준다. 주로 바깥 잎의 상처 때문에 발생하는 것으로, 11~12월경의 저온기에는 줄기와 잎의 외관에 이상이 보이지는 않지만 포기 전체에 생기가 없고 잎이 시든다. 포기를 잘라 보면 중심 부분이 물러서 부패하고 공동화한 것이 많다. 시들기 시작한 포기의 줄기는 중심 부분이 담갈색 수침상으로 되어 있다.

(그림 6-2) 무름병 발생지 및 발생 포기

나. 발생 생태

토양에서 생활하고 여러 가지 채소류에 침입해서 무름병을 발생시키는 세균으로 30℃ 전후를 좋아한다. 작형 중 늦은 가을에 수확하는 노지 재배에서 많이 발생한다. 하우스나 터널은 내부가 고온이어서 어떤 작형에도 병이 발생하기 쉽다. 식물체가 흙과 접촉하면서 그 속에 있던 병균이 줄기와 잎의 표면에 붙어 증식하고 해충이 침입한 상처로 인해 전염된다. 이 밖에 관수나 세균에 감염된 농기구에 의해서도 쉽게 전염된다. 25~30℃에서 24시간 만에 급속하게 증식이 이루어지지만, 서늘하거나 균의 밀도가 낮으면 잠복기가 2~3주에 이르기도 한다. 노지에서는 과습하고 따뜻한 기후에서 많이 발생한다.

다. 방제법

윤작을 실시한다. 배수가 불량한 밭에는 배수시설을 개선하고, 해충을 방제하며, 중경 등의 관리 작업 중에 줄기나 잎에 상처를 내지 않도록 주의한다. 식물체 위로 관수를 하지 않도록 하고 다른 병에 감염된 후 이 병균이 침입하기 쉬우므로 다른 병해에 대한 방제도 동시에 실시한다. 현재까지 상추무름병의 적용 약제는 나와 있지 않다.

노균병(露菌病, Downy mildew)

Bremia lactucae Reg

가. 병 증상

고랭지 여름 재배에서 많이 발생한다. 유묘기부터 성숙한 식물까지 전 생육기에 걸쳐 발생하며, 잎상추와 결구형 상추 대부분이 이 병에 잘 걸린다. 초기에는 황화된 반점이 잎 윗면에 나타나고 좋은 환경 조건에서 희고 솜 같은 곰팡이 포자를 잎 뒷면에 형성한다. 병 발달의 초기 단계에는 엽맥에만 병이 나타나므로 병반이 각진 것처럼 보인다. 그러나 병이 진전됨에 따라 잎 전체로 퍼지면서 황화된다. 이 병은 오래된 바깥 잎에서 가장 심하게 나타지만 시간이 지나면서 잎 전체로 퍼지게 되며 뿌리까지 감염시킨다. 감염 부위는 잿빛곰팡이병의 감염 통로가 되기도 한다.

(그림 6-3) 잎의 병반과 병반에 형성된 포자

나. 발생 생태

병원균은 살아 있는 기주 세포만을 감염시켜 살아간다. 전염을 일으키는 병원균의 포자는 4~15℃에서 상대습도가 100% 정도일 때 5~7시간 만에 감염된 조직에서 형성된다. 포자들은 보통 밤에 생성되며 낮에 빗방울이나 바람에 날려 새로운 식물체로 퍼진다. 종자 전염 가능성은 거의 없고, 병든 식물체 내에서 균사나 난포자 상태로 월동 후 다시 1차 전염원으로 활동한다.

다. 방제법

저항성 품종을 심는 것이 가장 경제적인 방법이다. 상추를 제외한 작물로 윤작을 실시하고, 잡초 기주를 제거하며, 적절한 방제 약제를 안전 사용 기준에 맞게 처리한다. 수확 후 작물은 갈아엎어서 포자가 날리지 않도록 한다. 상대습도가 높을수록 감염과 포자 형성이 잘 되므로 관수를 할 때에는 잎이 최대한 젖지 않도록 하고 일단 감염되면 대량으로 발생할 수 있으므로 초기에 발견하고 방제하는 것이 중요하다.

〈표 6-1〉 상추 노균병 적용 약제 및 안전 사용 기준

적용 약제	사용 적기	희석배수	안전 사용 기준	
			시기	횟수
디메토모르프 수화제	발병 초 7일 간격	1,000배 (20g/20L)	수확 10일 전까지 사용	1회 이내
트리베이식코퍼설페이트 액상수화제	발병 초 7일 간격	1,000배 (20mL/20L)	-	
아미설브롤 액상수화제	발병 초 7일 간격	2,000배 (10mL/20L)	수확 14일 전까지 사용	3회 이내
만디프로파미드 액상수화제	발병 초 7일 간격	3,350배 (6.7mL/20L)	수확 5일 전까지 사용	2회 이내
디메토모르프.에타복삼 액상수화제	발병 초 7일 간격	1,000배 (20mL/20L)	수확 10일 전까지 사용	1회 이내
아미설브롬 액상수화제	발병 초 7일 간격	2,000배 (10mL/20L)	수확 7일 전까지 사용	2회 이내

균핵병(菌核病, Sclerotinia rot)

Sclerotinia sclerotiorum (Lib.) de Bary, *Sclerotinia minor* Jagger

가. 병 증상

하우스 및 터널 재배에서 10월경부터 다음해 4월까지 많이 발생한다. 고랭지에

서는 봄 하우스 재배, 여름 노지 재배에서 발생한다. 처음에는 대부분의 가장자리 잎들이 시든다. 감염이 식물체 내부로 진전되면서 전체가 시들며 노란색을 띠고 잎들이 바닥에 눕는다. 습기를 머금은 부패가 지상부와 지하부에서 일어나고 다습한 조건에서는 눈처럼 흰 균사를 형성한다. 이후 구형 내지 부정형의 검은 균핵이 토양과 맞닿은 아래 잎 위에 생기고 2일 정도면 완전히 물러지기도 한다.

(그림 6-4) 균핵병에 감염된 포기

나. 발생 생태

2종의 병원균이 일으키며 이들은 모두 균핵을 형성한다. 균핵은 8~10년 동안 토양 속에서 살 수 있다. 때로는 죽은 식물체에서 활발하게 성장할 수도 있다. 발병은 식물의 모든 생육기에 일어날 수 있으나 주로 성숙기에 일어난다. 추운 시기가 지나면 땅속 2~3cm 아래에 있던 균핵이 포화습도인 상태와 11~15℃에서 2~3주 후에 버섯처럼 생긴 자낭반을 형성하며, 여기서 자낭 포자들이 생겨 바람에 의해 밭 전체로 퍼진다. 이들은 습도가 높으면 성숙한 식물체나 죽은 상추를 48시간 만에 감염시킬 수 있다. 또 주변에 있는 균핵이 바로 균사를 형성해 감염시킬 수도 있다.

다. 방제법

적용 약제를 안전 사용 기준에 맞도록 살포한다. 깊이갈이를 해 균핵이 노출되지 않도록 하고 멀칭을 해 식물체가 토양과 닿는 부위를 줄인다. 지난해에 발병한 밭은 피해서 재배한다.

적용 약제	사용 적기	희석배수	안전 사용 기준	
			시기	횟수
베노밀 수화제	발병 초 10일 간격	1,500배 (13g/20*l*)	수확 14일 전까지 사용	4회 이내
헥사코나졸. 티플루자마이드입제	–	4kg/10a	정식 전까지	1회 이내
플루퀸코나졸. 피리메타닐 액상수화제	발병 초 7일 간격	1000배 (20㎖/20L)	수확 14일 전까지 사용	4회 이내
플루톨라닐 유제	발병 초부터	1000배 (20㎖/20L)	수확 14일 전까지 사용	4회 이내
플루퀸코나졸. 데부코나졸제	정식 전 토양혼화처리	3kg/10a	정식 전까지	1회 이내
바실루스서브틸리스와이 1336 수화제	발병 초 7일 간격 관주처리	600배 (33.3g/20L)	–	–
바실루스서브틸리스디비비 1501 입제	정식 전 토양혼화처리	10kg/10a	–	–

잿빛곰팡이병(灰色黴病, Gray mold)

Botrytis cinerea Pers.

가. 병 증상

아래 잎과 감염된 줄기는 담갈색 수침상의 병반을 형성하고 급속히 확대되면서 잎과 그루 전체가 물러진다. 솜털 모양의 회색 덩어리가 병든 부위를 덮고 검은 부정형의 균핵이 형성된다. 성숙한 식물체의 시든 증상과 포기의 무름은 균핵병과 아주 흡사하다.

나. 발생 생태

하우스의 봄 재배, 노지에서 잘 발생한다. 식물 잔재에서 부생균으로 살며, 많은 다른 작물과 잡초를 감염시키고 토양 속에서 균핵으로 생존한다. 포자를 형성하며 바람을 통해 전파된다. 서늘하고 높은 습도에 의해 병이 잘 진전된다. 이 병은 잎 끝이 타는 증상이나 노균병, 밑동썩음병, 균핵병 등의 감염이 일어난 후에 잘 유발된다.

(그림 6-5)지제부에 감염된 잿빛곰팡이병

다. 방제법

적용 약제를 안전 사용 기준에 맞도록 살포한다. 하우스를 습하지 않게 환기 등으로 잘 관리한다. 식물체 위로 관수하지 않도록 하고 병든 잎을 제거한다. 비닐 멀칭을 해 아래 잎이 토양과 접촉하지 않도록 한다.

〈표 6-3〉 상추 잿빛곰팡이병 적용 약제 및 안전 사용 기준

적용 약제	사용 적기	희석배수	안전 사용 기준	
			시기	횟수
보스칼리드.트리플루미졸 수화제	발병 초 7일 간격	1,000배 (20g/20L)	수확 5일 전까지	1회 이내
폴리옥신비 수화제	발병 초 7일 간격	2000배 (10g/20L)	수확 7일 전까지	2회 이내
폴리디옥소닐 액상수화제	발병 초 7일 간격	2000배 (10mL/20L)	수확 7일 전까지	2회 이내

밑동썩음병(尻腐病, Bottom rot)

Thanatephorus cucumeris (Frank) Donk
(무성세대 : *Rhizoctonia solani* Kuhn)

가. 병 증상

고랭지 여름 재배 시기에 많이 발생한다. 상추의 생육 초기부터 중기까지 발생한다. 잎의 주맥 아래가 암갈색으로 변하면서 썩고, 이 병이 진전되면 그루 전체가 말라 죽는다. 양상추의 경우 잎 밑동에 원형 내지 타원형의 암갈색 반점이 형성되고, 이 병이 진전되면 병반이 크게 확대되어 잎 밑동이 마른 상태로 썩기도 한다. 갈색의 거미줄 같은 균사가 감염된 식물체에서 관찰되고 부정형의 암갈색 균핵이 후기에 생성되기도 한다. 무름병 등이 감염되어 급속하게 부패되기도 한다.

(그림 6-6) 지제부에 감염된 밑동썩음병

나. 발생 생태

균핵이나 병든 식물체에서 생존하고, 균핵은 농기구 등에 의해 먼 곳까지 이동되면서 전염원이 된다. 적합한 온·습도 조건에서는 균핵이 발아하고 균사를 형성해 7~10cm 떨어진 곳의 기주를 감염시킨다. 병든 조직이나 기공을 통해 직접적인 침입이 가능하고 세포 내 혹은 간극에서도 존재한다. 25~27℃의 습한 환경에서는 36~48시간 안에 초기 감염이 일어난다. 이 병은 전작물, 휴한기의 길이, 이전에 존재했던 종의 병원성과 토양 내에서의 생존력에 의해 큰 영향을 받는다. 이 병원균의 균사융합군 및 배양형은 AG-1(ⅠB), AG-2-1, AG-4이다.

다. 방제법

균핵을 통해 토양 전염되고, 배추나 무 등의 작물에도 발생하므로 이들을 제외한 타 작물로 윤작을 한다. 깊이갈이를 해 균핵이 땅속 깊이 묻히도록 하며, 두둑을 높게 해 환기를 돕고, 잎이 토양과 닿지 않도록 재배하는 것이 중요하다. 직립형 상추 품종을 심는 것이 좋고, 수확기 즈음에는 관수를 피한다.

갈색무늬병(褐斑病, Cercospora leaf spot)

Cercospora lactucae-sativae Sawada

가. 병 증상

노지 재배에서 많이 발생해 큰 피해를 주기도 한다. 오래된 아래 잎부터 주로 발병한다. 처음엔 잎에 수침상의 작은 반점이 나타나고, 진전되면 암갈색의 부정형 반점으로 확대된다. 병반은 약간의 겹무늬로 나타나고 그 중앙에는 눈동자와 같은 회색 반점이 형성된다. 병은 식물체의 위쪽으로 번지며 병반들이 서로 융합해서 커지면 잎이 누렇게 변해 말라 죽는다.

나. 발생 생태

병원균은 불완전균에 속하며 분생자경과 분생포자를 형성한다. 분생자경은 다발로 형성되고 담황갈색을 띤다. 병원균은 병든 잎에서 균사와 분생포자를 형성해 공기 중에 전염하며, 비나 관수에 의해서도 퍼진다. 생육이나 포자 형성 등의 최적 온도는 25℃이다.

다. 방제법

윤작을 하고 물 빠짐을 좋게 하며 기주가 되는 밭 주변의 상추들은 없애도록 한다.

시들음병(萎黃病, Fusarium wilt)

Fusarium oxysporum Schlecht. : Fr.

가. 병 증상

전 생육기에 발생하지만 주로 생육 중기부터 발병한다. 아래 잎부터 활력이 떨어지고 황화되며 서서히 시든다. 병든 포기는 위축되거나 결구가 되지 않고, 심하게 감염되지 않은 결구형 상추에는 잎끝마름(Tip burn) 증상이 나타나기도 한다. 지제부의 표피 조직은 적갈색을 띠고 도관부는 검게 변한다. 시설재배 연작지에서 피해가 크다.

 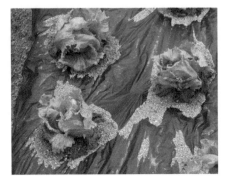

(그림 6-7) 시들음병이 감염된 포기

나. 발생 생태

토양 전염성 병해이며 후막포자로 오랫동안 생존이 가능하고 1차 전염원이 된다. 일반적으로 건조할 때 병 증상이 심하게 나타나지만 토양 수분이 적당할 때 감염이 일어난다. 발병 최적 온도는 28℃ 전후이며 16℃ 이하나 32℃ 이상의 고온에서는 발병되지 않는다.

다. 방제법

윤작을 실시한다. 다조멧 입제의 경우 정식 3주 전에 토양을 경운 정지한 후 약제를 균일하게 살포하고 15~25cm 깊이로 토양을 충분히 혼화한다. 토양을 비닐로 피복하고 7~14일간 방치한 후 비닐 피복을 제거하고 2~3일 간격으로 2회 이상 경운해서 가스를 휘발시킨 후 상추를 재배해야 한다.

〈표 6-4〉 상추 시들음병 적용 약제 및 안전 사용 기준

적용 약제	사용 적기	희석배수	안전 사용 기준	
			시기	횟수
다조멧 입제	정식 3주 전 토양훈화처리	30kg	수확 5일 전까지	1회 이내
메탐소듐 액제(25%)	정식 4주 전 토양처리	40L(원액)	–	–
메탐소듐 액제(42%)	정식 4주 전 토양관주처리	30L(원액)/ 10a	정식 4주 전까지 처리	1회 이내

02 해충

상추는 짧은 기간에 재배해서 잎을 직접 먹기 때문에 가급적 농약 살포를 하지 않는 것이 소비자의 건강을 위하는 최선의 방법이다. 그리기 위해서는 해충 발생을 사전에 예방하는 환경 조절이 가장 중요한데, 물리적 혹은 경종적 예방법을 동원해서 해충이 발생하지 않는 환경을 만들려는 노력이 필요하다. 실제로 우리나라에서 상추의 병해충 방제 약제로 등록된 약제가 너무 적기 때문에 현실적으로 효과적인 방제는 이루어지지 않고 있는 실정이다(2016년 상추 등록 농약 목록 참조). 일부 농가에서는 병해충 방제를 위해 다른 작물에 등록된 농약을 상추에 살포하는 경우가 더러 있는데, 이는 잔류 농약 단속 시 농약 과다 검출로 적발되어 불이익을 받는 주요한 이유가 되고 있다. 따라서 상추의 병해충 방제를 위해 농약을 살포하고자 하는 경우에는 반드시 등록된 농약을 선정해서 농약 안전 사용 기준을 준수하여 살포가 이루어져야 한다. 무엇보다도 자신의 밭이나 하우스 안에서 발생하는 해충의 종류를 파악하는 것이 효율적 방제의 기초가 된다는 것을 잊지 말아야 한다.

상추에는 23종의 해충이 발생하는 것으로 알려져 있으며, 최근 기후변화에 따른 온난화로 그 종류는 더욱 많아지고 있고 발생하는 해충의 밀도도 증가하고 있다. 시설상추 재배지에서 진딧물, 총채벌레, 밤나방류 등이 30% 이상 피해를 주는 문제 해충이고 달팽이류 등도 환경 조건에 따라 많이 발생하므로 이들에 대한 방제에 힘을 쏟아야 한다. 여기서는 상추에 발생하는 몇 가지 주요 해충의 종류와 생태 및 방제에 대해 설명하고자 한다.

진딧물류(Aphids)

노지상추에는 9종의 진딧물이 발생하지만 대부분 목화진딧물, 복숭아혹진딧물, 감자 수염진딧물 등이 문제가 된다〈표 6-5〉. 시설상추에는 싸리수염진딧물이 많이 발생하는데, 주로 3~4월에 발생해 7월까지 피해를 주며 3~5월에 피해가 심하다(2006, 원예연). 진딧물은 작물의 즙액을 빨아 먹어서

(그림 6-8) 진딧물

생기는 흡즙 피해(생장 억제, 왜소화, 기형화), 감로 피해(그을음병, 광합성 저해, 오염), 바이러스 매개(생육 부진) 등의 피해를 일으킨다.

상추 진딧물에 등록된 약제는 4종이 있으며 모두 농약사용지침서에 준해서 사용하면 된다. 그중 수경 재배용으로 피메트로진수화제를 사용할 때에는 양액 150L에 농약 20g을 섞어서 주당 150mL를 관수한다. 농약을 사용하지 않고 진딧물을 방제하는 방법으로는 최근 진딧물의 천적인 진디벌, 무당벌레, 진디혹파리 등이 이용되고 있다. 특히 싸리수염진딧물은 저온성 해충이어서 진디벌보다는 무당벌레나 진디혹파리가 더 효과적이다. 무당벌레를 시설상추에 이용할 때에는 3월 상추 정식 후 싸리수염진딧물이 엽당 1~2마리가 발생했을 때 10a당 무당벌레 성충 500~600마리를 20일 간격으로 2회 방사하는 것이 적절한 방법이다. 진디혹파리는 4월에 싸리수염진딧물이 엽당 3~5마리 정도 발생했을 때 10a당 진디혹파리 번데기 1,500개를 10~14일 간격으로 2회 방사하는 것이 효과적이다.

〈표 6-5〉 상추에 발생하는 진딧물류(1996~1998, 농과원 병해충조사 사업보고서)

진딧물명		발생 정도
아카시아진딧물	Aphis craccivora	−
목화진딧물	Aphis gossypii	★★★
조팝나무진딧물	Aphis spiraecola	★
감자수염진딧물	Macrosiphum euphorbiae	★★★
복숭아혹진딧물	Myzus persicae	★★★★
싸리수염진딧물	Aulacorthum solani	★

	진딧물명	발생 정도
치커리수염진딧물	Uroleucon cichorii	-
대만수염진딧물	Uroleucon formosanum	☆
방가지똥수염진딧물	Uroleucon sonchi	-

* 발생 정도 : ☆매우 약함, ★약함, ★★보통, ★★★심함, ★★★★매우 심함

총채벌레류(Thrips)

상추에 피해를 주는 총채벌레는 2종이며, 지구 온난화에 따른 기온 상승으로 인해 발생 지역이 점차 확대되고 있는 실정이다. 대부분 꽃노랑총채벌레로서 고온기인 6~9월에 발생 밀도가 높고 피해도 심하다. 수경 재배에서는 측면 망사창을 설치해서 바깥으로부터 유입을 근본적으로 차단하는 것이 가장

(그림 6-9) 꽃노랑총채벌레

중요하다. 더불어 시설 내에 노란색 끈끈이판을 작물 높이에 매달아 두어 총채벌레를 유인, 포획하는 것도 효과적인 방법이다. 수경 재배보다는 야외 토양 재배에서 발생 밀도가 높은 경향을 보인다. 가해 증상은 초기에는 잎에 흰색 반점 형태를 보이다가 점차 반점이 커지면서 짙은 황갈색을 띠게 된다. 정식 이후 잎이 왕성하게 전개되기 시작하면 초기 피해 증상을 관찰하기가 쉽지 않으므로, 초기 방제를 위해서는 세심한 작물체 관찰이 필요하다.

등록된 농약은 스피노사이드 입상수화제, 에마멕틴벤조에이트 유제, 스피네토람 입상수화제, 클로르페나피르 유제가 있다. 그중에서 에마멕틴벤조에이트 유제를 시설 재배에서 사용 시 시설 내의 온도가 너무 높거나 작물이 연약한 경우 약해 발생의 우려가 있으므로 세심한 주의가 요구된다. 꽃노랑총채벌레의 천적으로는 으뜸애꽃노린재와 오이이리응애가 있다. 으뜸애꽃노린재는 시설상추에서 6~9월경 엽당 0.5~2.5마리의 꽃노랑총채벌레가 관찰되는 초기에 10a당 700마리를 일주일 간격으로 2회 방사하면 효과적이다. 오이이리응애는 총채벌레 방제용으로 세계적으로도 가장 많이 이용하고 있지만, 1~2령 유충을 주로 포식하고 노숙 유충과 성충은 포식하지 못하기 때문에 다른 포식성 천적보다 효과가 늦게 나타난다.

나방류(Moths)

노지 잎상추를 가해하는 나방은 담배거세미나방, 파밤나방, 맵시곱추밤나방, 검은은무늬밤나방 등이 대표적이다. 아열대성 해충인 파밤나방은 남부 지방뿐 아니라 중부 지방에까지 발생 지역이 점차 확대되고 있으며 피해도 늘어나고 있다. 방제 약제로는 스피네토람 입상수화제, 클로란트라닐리프롤 입상수화제, 플루벤디아마이드 액상수화제 등이 농약지침서에 등록되어 있다. 신선 채소로 애용되는 엽채류의 특성상 농약을 사용하지 못하는 경우에는 성페로몬 트랩을 활용한 나방류 해충 방제가 광범위하게 활용되고 있다.

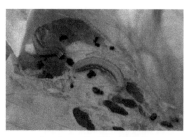

(그림 6-10) 파밤나방 유충

(그림 6-11) 도둑나방 유충

결구상추의 가해 나방은 도둑나방이 대표적이다. 주로 7~9월인 여름과 가을에 발생해서 상추 잎을 대량으로 먹어치움으로써 직접적으로 수량 손실을 일으킨다. 아직까지 국내에 상추 적용 도둑나방에 대한 등록 약제가 없기 때문에 다양한 방법이 강구되어야 한다. 나방 방제를 위한 비교적 손쉽고 안전한 방법은 성페로몬 트랩을 이용해 수컷 성충을 유인, 포획하거나 교미를 교란시키는 것이다. 이를 위해선 나방의 종류가 무엇인지 파악하는 것이 필요하므로 반드시 농업 연구기관이나 농업기술센터에 의뢰해 어떤 종류의 해충인지 파악하는 것이 필요하다. 대부분 나방이 알을 무더기(난괴)로 낳으므로 토양이나 시설 내 작물을 주기적으로 관찰함으로써 난괴를 미리 제거하는 것도 효과적이다. 곤충병원성 선충을 활용하는 경우, 시설상추에서 나방 유충이 엽당 0.1~2.4마리 발생할 때 3일 간격으로 3회 살포하고, 30일 후 3일 간격으로 2회 살포하면 효과적이었다.

민달팽이류(Slugs)

민달팽이와 작은뾰족민달팽이(들민달팽이)는 습도가 높은 곳을 좋아하는 연체동물이다. 시설 내에서 주로 밤에 나타나서 상추를 가해하며 습도가 높으면 낮에도 나타난다. 잡식성으로 잎, 신초 등 연약한 부분을 식해하며 피해가 심한 잎은 잎맥만 남고 거친 그물모양이 된다. 피해 부위에는 점액이 부착

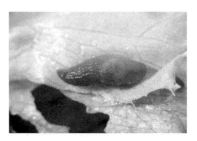

(그림 6-12) 상추를 먹는 민달팽이

되어 있고 구불구불한 검은 배설물을 볼 수가 있다. 노지 재배에서는 4~5월에 피해가 많으며 시설 재배에서는 겨울에도 피해를 준다. 민달팽이 방제는 영농연 시험연구보고서(2004)를 참고로 해 몇 가지 방법을 제시하고자 한다.

○ 발생이 많은 곳에서는 잠복처가 되는 작물, 잡초 등을 제거하고 토양 표면을 건조하게 한다.
○ 토양 경운을 한다. 물리적으로 달팽이의 서식처를 파괴하거나 달팽이를 직접 치사시킬 수 있기 때문이다.
○ 유기물 퇴비 시용량이 많을수록 민달팽이가 많이 발생하므로 적당한 유기물 시용이 필요하다.
○ 완숙 퇴비를 시용할수록 민달팽이의 발생이 적어진다.
○ 돈분을 시용하면 달팽이 유성체의 발생량이 적고, 특히 산란 수가 적어서 달팽이에 의한 피해를 줄일 수 있다.
○ 달팽이는 보통 알칼리 토양을 선호하므로 석회를 많이 시용하면 많이 발생한다. 석회를 뿌리면 달팽이가 발생하는 것을 줄일 수 있다는 것은 잘못된 생각이다.
○ 작물체 위에 관수하는 것보다는 지상에서 점적관수를 한다. 관수 시간도 오후보다 오전에 하면 달팽이에 의한 피해를 줄일 수 있다.
○ 유인 트랩(멜론, 맥주 등) 및 기피제(구리, 나프탈렌 등)를 이용한다.

○ 1~2%의 순수한 카페인 용액으로 달팽이를 치사시킬 수 있다. 우리가 흔히 마시는 커피(카페인 성분 0.05% 함유)는 효과가 거의 없으므로 유의한다.

○ 현재 외국에서는 곤충병원성 선충(Nemaslug)이 달팽이 방제제로 사용되고 있다.

〈표 6-6〉 2016년 상추용 등록 살충제 목록   (2016, 작물보호제지침서)

해충명	약제명	살포 시기/안전 사용 기준	주의 사항
진딧물류	비펜트린.이미다클로프리드 수화제	- 다발생기 - 수확 3일 전까지 2회 이내	- 꿀벌·누에 독성
	설폭사플로르 액상수화제	- 다발생기 - 수확 3일 전까지 2회 이내	- 꿀벌 독성 - 작기중 1세대 살포
	아세타미프리드.플루벤디아마이드 입상수화제	- 다발생기 - 수확 3일 전까지 1회 이내	- 꿀벌·누에 독성 - 1세대 2~3회 살포
	알파사이퍼메트린 유제	- 발생 초기 - 수확 3일 전까지 3회 이내	- 꿀벌·누에 독성
	에스펜발러레이트 유제	- 발생 초기 - 수확 3일 전까지 3회 이내	- 꿀벌·누에 독성
	이미다클로프리드 수화제	- 다발생기 - 수확 2일 전까지 2회 이내	- 꿀벌·누에·야생조류 독성
	클로란트라닐리프롤티아메톡삼 액상수화제	- 다발생기 - 수확 2일 전까지 2회 이내	- 꿀벌·누에 독성 - 1세대 2회 이내 살포
	티아메톡삼 입상수화제(10%)	- 다발생기 - 수확 3일 전까지 2회 이내	- 꿀벌·누에 독성
	플로니카미드 입상수용제	- 다발생기 - 수확 3일 전까지 2회 이내	
	피리플루퀴나존 액상수화제	- 다발생기 - 수확 5일 전까지 2회 이내	
	피메트로진 수화제	- 발생 초기 - 수확 5일 전까지 2회 이내	

해충명	약제명	살포시기/안전 사용 기준	주의사항

총체벌레	에마멕틴벤조에이트 유제	– 발생 초 7일 간격
		– 수확 3일 전까지 2회 이내
			– 꿀벌·누에 독성
			– 시설상추에서 이상고온
			  이거나 상추가 연약할 때
			  사용하면 약해 우려

	클로르페나피르 유제	– 발생 초 7일 간격 – 수확 5일전까지 1회 이내	– 꿀벌·누에·야생조류 독성
	스피노사드 입상수화제	– 발생 초 7일 간격 – 수확 5일 전까지 1회 이내	– 꿀벌 독성
	스피네토람 입상수화제	– 발생 초 7일 간격 – 수확 5일 전까지 2회 이내	– 꿀벌·누에 독성 – 작기당 2회 이내 살포
아메리카 잎굴파리	클로란트라닐리프롤티아메톡삼 액상수화제	– 수확 2일 전까지 2회 이내	– 꿀벌·누에 독성 – 1세대 2회 이내 살포
파밤나방	플루벤디아마이드 액싱수화제	– 다발생기 – 수확 3일 전까지 2회 이내	– 누에 독성
	클로란트라닐리프롤티아메톡삼 액상수화제	– 다발생기 – 수확 2일 전까지 2회 이내	– 꿀벌·누에 독성 – 1세대 2회 이내 살포
	클로란트라닐리프롤 입상수화제	– 다발생기 – 수확 3일 전까지 2회 이내	– 꿀벌·누에 독성 – 1세대 2회 이내 살포
	아세타미프리드. 플루벤디아마이드 입상수화제	– 다발생기 – 수확 3일 전까지 1회 이내	– 꿀벌·누에 독성 – 1세대 2~3회 살포
	스피네토람 입상수화제	– 다발생기 – 수확 5일 전까지 2회 이내	– 꿀벌·누에 독성 – 작기당 2회 이내 살포
	레피멕틴 유제	– 다발생기 – 수확 3일 전까지 2회 이내	– 꿀벌·누에 독성
뿌리혹선충	아바멕틴 액상수화제	– 정식 전 토양관주처리(2L/m^2) – 정식 전까지 1회 이내	– 꿀벌·누에 독성

제**7**장

수확 후 관리 및
신선편이 품질 관리

1. 수확 후 관리
2. 신선편이(fresh-cut) 품질 관리

01 수확 후 관리

수확 후 관리의 중요성

지난 수십 년간 재배 생산의 기술 개발 및 보급에 집중적으로 투자해 수확 후의 기술 개발 및 보급에 대한 투자는 상대적으로 적었다. 하지만 농산물 시장이 개방되면서 고품질의 차별화된 상품 공급이 중요한 과제로 대두되었고, 상품화에 필요한 관련 기술 및 개선 방법으로 수확 후 관리가 더욱 중요해지고 있다.

수확 후 관리는 농산물이 생산자에서 소비자에게 도달하는 과정으로 수확·저장·유통·판매 등의 모든 과정을 총칭한다. 수확 후 관리 목표는 최대한 신선도를 높이고 부패를 방지해 판매 기간 중 품질을 보존하고자 하는 것이다.

수확 후 관리가 중요한 이유는 농산물은 수확 후에도 살아 숨 쉬는 생명체이기 때문에 생리 활동을 정확히 파악해서 품질 관리에 이용함으로써 수확에 발생하는 상품적 가치 손실을 최대한 줄여 나가는 데 있다. 더 이상 영양분이나 수분을 공급받을 수 없어 재배 환경과는 전혀 다른 환경에 처하게 되면서 축적된 양분으로 생명 활동을 연장함으로써 수확 후의 대사 작용이 많고 적음에 따라 신선도가 결정된다.

따라서 상추의 부가가치를 높이기 위해서는 품목의 생리적 특성에 입각한 가장 적합한 관리 기술 및 환경을 조성해 관리하는 것이 중요하겠다.

수확 후 생리

상추는 수확 후 아무런 조치 없이 수확된 잎을 그대로 쌓아 놓으면 호흡열로 인해 품온이 높아져서 고온 장해까지 받을 수 있다. 따라서 수확 후 품온을 빨리 낮출 수 있도록 하는 것이 중요하다. 상추의 종류에 따른 호흡률은 결구상추보다 잎상추가 2배 정도 더 높아서 품온이 빨리 상승한다. 온도 10℃에서 결구 상추의 호흡은 $21\sim40mg \cdot CO_2kg^{-1} \cdot hr^{-1}$ 수준이고, 잎상추는 $32\sim46mg \cdot CO_2kg^{-1} \cdot hr^{-1}$ 수준이다. 높은 호흡률 이외에 증산 작용도 심하다. 상추는 표면적이 크기 때문에 쉽게 수분을 잃어버려 선도가 떨어지기 때문에 신선도를 유지하기 위해서는 수분 감소를 최대한 억제하는 것이 품질 관리에서 가장 중요하다.

에틸렌의 반응에도 민감하다. 상추는 에틸렌 발생량이 매우 적은 편이지만 에틸렌 가스에 노출되면 중륵 조직에 갈색 반점이 형성되거나 결구상추는 절단면이 갈색으로 심하게 변한다. 따라서 상추를 저온 저장고에 놓아 둘 때는 사과와 같이 에틸렌 발생이 심한 작물과는 같이 두어서는 안 된다.

수확

가. 작업 요령

수확 후 신속히 처리한다. 수확 후 증산 작용 및 수분 손실 때문에 빨리 시들고 상품성이 저하되므로 수확 이후에 품온을 최대한 빨리 낮추고 저온에서 저장·유통 관리해야 한다.

수확은 하루 중 시원할 때 실시하며 더운 여름철에는 새벽부터 이른 아침에 이르기까지 실시해 품온이 낮은 상태에서 수확하는 것이 좋다.

상추의 분류법은 다양하지만, 형태에 따라 잎상추(치마상추와 축면상추), 결구상추(양상추), 포기상추(버터헤드) 등으로 나눌 수 있는데, 잎상추는 보통 잎을 한 장씩 절취해 결속하거나 포장 상자에 담아 출하하는 것이 보통이다. 수확의 모든 작업이 인력으로만 이루어져서 많은 노동력이 요구된다. 수확 후에 수분 증발 및 품온이 오르지 않도록 유의한다.

결구상추의 경우 밭에서 수확해서 골판지 상자에 담아 출하하는데 수확 과정에서 절단 부위가 갈변하거나 미생물에 감염되어 부패가 쉽게 진행될 수 있다. 따라서 수확용 칼은 예리하게 갈아서 사용하고 칼날이 무디면 절단면의 상처가 빨리 부패하게 되며, 토양에 닿게 되면 미생물에 오염되므로 수확 중간에 칼날을 소금물(식초나 유기산 용액) 등에 담가 소독한 후 사용한다.

나. 숙기의 판정

잎상추는 영양 생장이 어느 정도 이루어진 후에 적정한 크기의 잎을 보면서 하나하나씩 따며 크기에 따라 선별하면서 수확한다. 상추가 너무 노엽이거나 장다리가 올라가면서 수확하는 깃은 조직감이 질기거나 쌉쌀하면서 쓴맛이 강해지기 때문에 수확 기간을 너무 연장해서 늦게 수확하지 않도록 유의한다. 잎상추를 포기로 수확하는 경우에는 품종의 특성이 제대로 나타난 것을 골라 선별해 수확한다.

결구상추의 경우 수확 시 결구 정도를 보고 판단한다. 결구가 잘 발달해서 단단한 것이 좋으며 너무 성숙해서 쓴맛이 강하거나 씹었을 때 질기지 않아야 한다. 성숙 정도의 판단은 손으로 결구 부위를 눌렀을 때 약간 들어가는 정도(85~90% 결구 상태)가 적당한 수확 상태로, 결구 부위가 단단하지 않으면 아직 미성숙 단계인 것이고 눌러 보았을 때 너무 단단하거나 딱딱하면 과숙으로 구분한다.

과숙한 결구상추는 저장 중에 중륵에 반점이나 갈변과 같은 이상 증상이 발생하기 쉬우며 저장 기간도 상대적으로 짧다. 이와 반대로 구의 비대가 충실하지 못한 것은 취급 중에 상처가 쉽게 발생할 수 있다.

결구상추의 숙기 판정은 외엽의 색상이 연한 연두색으로 품종의 고유한 색깔이 나타나는 것으로 재배 기간에 따라 판정할 수 있다. 결구상추의 겨울 재배는 보통 정식 후 3개월 정도이고 봄·가을 재배는 2개월 정도, 40~50일에 수확을 실시한다. 농가 여건상 수확은 한 번에 이루어지는 경우가 많으므로 포장 시 크기에 따른 선별에 유의한다.

수확 후 전처리(예냉)

수확 후 높은 품온의 상추는 유통 중 선도에 영향을 줄 수 있으므로 유통이나 저장 전에 예냉을 하는 것이 좋은데, 예냉은 저온 관리를 전제로 실시해야 한다. 예냉은 가능한 빠르게 저장 온도까지 낮추는 것이 중요한데, 잎상추의 경우는 수랭식 예냉을 할 수 있는데 수냉 방법은 0~1℃ 정도의 냉각수에 오존이나 염소를 첨가하면 예냉과 살균 세척 과정을 겸해 할 수 있지만, 예냉 후 산물의 표면 수분을 제거하는 작업이 필요하다. 결구상추의 경우 진공예냉이 효과적이라고 알려져 있다. 예냉 시간은 약 30~40분 정도로 해서 0℃까지 낮춘다. 진공예냉은 농산물을 진공 챔버에 두고 저압하에서 산물 조직 내의 수분을 증발시킴으로써 증발 잠열에 의해 산물의 품온을 낮추게 한다. 예냉 후 수분 손실로 인해 2~4%가량의 중량이 감소함으로써 예냉 전후에 깨끗한 물을 뿌려 잎이 시들지 않도록 한다. 예냉 후 중량 감소가 5% 이상이거나 진공도가 너무 강해 조직에 손상을 주면, 압력을 낮추고 예냉 시간을 늘린다. 진공 예냉으로 냉각하는 산물의 포장 상자나 플라스틱 필름은 통기 구멍이 있거나 수증기가 쉽게 투과하는 것을 사용한다. 그러나 국내에는 진공예냉기의 보급이 많지 않아 차압 예냉을 이용하는 것이 효과적이다. 상추와 같이 수확 후 호흡이 왕성한 작목은 빠른 시간 내 초기 품온을 떨어뜨려 호흡을 억제하는 것이 중요하므로 선도 유지를 위한 신속한 예냉 처리는 필수다.

저장

상추의 수확 후 저장은 잎상추의 경우 0℃에서 98~100%의 최적 조건에서는 2~4주까지 저장 가능하다. 결구상추는 적정 저장 온도가 0~5℃로서 상대습도는 95%가 적정 저장하며 기간은 약 3~4주 정도로 본다. 저장 온도가 5℃에서는 가스 장해나 에틸렌 피해가 없다면 약 2주 정도까지 저장할 수 있다. 결구상추와 잎상추 모두 -1℃로 내려가면 동해를 입게 되므로 0℃ 부근에서의 온도 관리가 중요하다. 저온에 대한 민감도는 품종에 따라 다르나 -0.2℃에서도 동해를 입는다는 보고가 있어 저온 관리 시 동해를 입지 않도록 유의한다.

가. MA 저장

MA 포장은 일정 두께의 플라스틱 필름으로 포장하면 산물의 호흡으로 인해 산소의 농도는 감소하고 이산화탄소는 증가해 포장 내부의 공기 조성이 전혀 다르게 이루어진다. 포장 내부의 가스 조성은 산물의 필름의 종류, 저장 온도에 따라 달라진다. 결구상추를 15℃에서 5%의 산소와 95%의 질소로 조성해 저장했을 때 미생물의 발생이 억제되어 상품성을 유지할 수 있었다는 보고가 있다.

나. CA 저장

일반적으로 CA 저장은 저장 온도를 0~5℃로 해 가스 농도를 조절해서 원예 산물의 품질 및 지장 수명을 연장한다. 적징 가스 농도는 산소 농도를 1~3%로 하며 이산화탄소 농도는 저장 온도에 따라 복잡하게 작용하지만 보통 3% 이하를 적정 수준으로 본다. 고농도의 이산화탄소에 장기간 노출되면 가스 장해를 입을 수 있으니 유의해야 한다.

수확 후 생리 작용

가. 엽 선단 고사 증상(Tib burn)

수확 전 기상 조건이라든지 품종, 작물의 영양 상태에 따라 밭에서부터 발생해 수확 후 더 심해진다. 잎 끝이 고사되어 마르면 상품성이 떨어지고 볼품이 없어지며, 손상된 잎은 가장자리부터 약해지면서 부패하기 쉽다.

나. 갈색반점(Russet spotting)

갈변을 유도하는 페놀 물질이 생성되는 결과인데, 저농도의 에틸렌에 의해서도 촉진된다. 녹색 잎 조직과 결구 부위 전체에서 발생해 상품 가치를 크게 떨어뜨린다. 산물을 취급할 때 가스 지게차를 이용하거나 저장 중에 에틸렌을 발생하는 사과와 같은 과실과 함께 저장 또는 수송하면 발생한다.

다. 분홍색 잎맥

중륵 조직에 어두운 분홍빛으로 나타나며 과숙한 포기에서 많이 발생한다. 저농도의 산소에서 발생하며 저장 온도가 높아질수록 자주 발생한다.

라. 이산화탄소 장해

상추를 저장 또는 신선편이 상품 소포장으로 포장하는 경우에 많이 발생하며, 고농도의 이산화탄소에 의해 결구의 중심주나 중륵 부위에 갈변이 발생한다.

마. 물리적 손상

수확 작업 도중에 상해를 입은 부위를 중심으로 물러지거나 갈변이나 부패 등이 발생한다.

바. 동해

저온 저장고의 온도가 작물의 빙점까지 내려가 동해가 발생하는데, 작물의 구성 조직이 파손되며 얼었던 조직이 녹으면서 표피가 벗겨지고 품질이 더 빨리 나빠져 상품성이 하락한다.

병리적 장해

가. 무름병

박테리아에 의해 감염되었던 조직이 짓무르고 곰팡이에 의한 병도 발생한다. 외엽을 제거하거나 신속한 예냉, 저온 관리를 통해 무름병 발생을 줄일 수 있다.

나. 노균병

밭에서 감염되어 있던 상추가 저장 중에도 계속 세균이 번져 피해를 입는다. 그 외의 곰팡이들에 의해 저장이나 유통 중 포기에 짓무름 증상이 나타나므로 수확할 때 철저하게 가려내도록 해야 한다.

출하 현황

출하 규격은 생산자나 유통업체 중심으로 규격이 바뀌고 있다. 이전에는 농산물 품질 관리원에서 출하 규격을 규정했으나, 2006년도에 상추에 대한 규격이 폐지되고 사실상 유통 시장에 그 기능을 맡기고 있다. 그러나 농협에서는 이전의 농산물 표준 규격의 '길이' 구분을 근거로 해 15cm 이상의 것으로 시들지 않고 싱싱하며 청결한 것을 상품(上品)의 특성으로 규정해 이용하고 있다 (2007, 농협친환경 농산물 안내서).

포장 방법에 따른 저장성

필름 포장을 통한 소포장이 선도 유지에 효과적이다. 상추의 출하는 주로 골판지 상자를 이용한 출하가 많이 되고 있지만, 소비자의 소득 수준 향상과 인식 변화로 플라스틱 필름을 통한 소포장이 늘어나고 있다. 국내에 유통되는 상추의 포장 방법은 그림과 같이 5가지 형태로 분류될 수 있는데, 저온 유통에서는 무공 필름의 포장이나 PET용기에 포장한 것이 선도 유지 면에서 좋았다. 그러나 유통 현장에서는 일정한 저온으로 온도 관리가 거의 이루어지지 않고 있어서 유

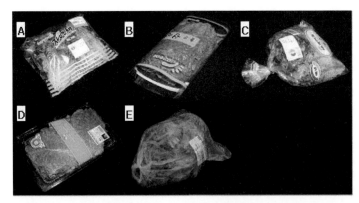

A : PP 필름, 무공 필름 포장   D : PET 필름, 박스형 경질 필름 포장
B : PP 필름, Roll 타입의 개방형 포장   E : LDPE 필름, 유공 필름 포장
C : PP 필름, 유공 필름 포장

(그림 7-1) 상추 필름 포장 방법

통 중 온도 변화로 인해 포장 내에 결로 현상 등이 발생해 상품에 손실을 줄 우려가 있으므로 유공 필름을 보편적으로 사용하고 있다.

최근 상추와 같은 엽채류도 동남아 등으로 수출되고 있으며 선도 유지를 위하여 MA 포장기술이 적용되고 있다. 골판지 상자의 경우 30㎛ 폴리에틸렌 내포장 필름과 흡습지를 이용하고, 소포장 경우 30㎛ 미세 천공 필름 또는 에틸렌 흡착 용기를 이용하는 것이 좋다(그림 7-2~4).

(그림 7-2) 내포장 필름 + 흡습지　　(그림 7-3) 미세천공필름　　(그림 7-4) 에틸렌 흡착용기

운송 및 판매

수확과 동시에 모든 작업은 저온(5~7℃)에서 이루어지는 것이 원칙이지만 국내 생산 여건상 이를 따르지 못한다. 따라서 최소한이라도 품온이 오르지 않도록 관리에 유의한다. 예를 들어 운송 작업 등을 할 때는 차광막 등이 설치되어 있는 작업장 내에서 이루어지도록 하고, 내장 시설을 갖추어 수확물이 상온에 방치되는 일이 없도록 한다. 그러나 유통 시에 농산물과 온도 차가 심하면 결로가 발생하므로 이를 유의한다. 외부 습도에 따라 결로 발생 정도가 다르지만 보통 7℃ 차이가 나면 발생하는 것으로 알려져 있다.

매장에서는 매대를 저온으로 관리(5~7℃)하는 것을 기본으로 하며 포장 및 가습설비를 이용해 습도를 유지한다.

02 신선편이(fresh-cut) 품질 관리

신선편이의 특성

최근 농산물 선택에서도 간편싱과 합리성을 추구하면서 구입한 뒤 다듬고 세척하거나 절단할 필요 없이 바로 먹을 수 있거나 요리에 사용할 수 있는 이른바 신선편이(fresh-cut) 채소에 대한 수요가 크게 증가하고 있다.

가. 신선편이 특성

신선편이 농산물은 편리성을 갖춘 농산물로 간편한 과정을 통해 바로 먹거나 조리에 사용할 수 있도록 수확 후 ①절단(박피, 다듬기 포함) ②세척 ③포장이라는 3개의 처리 과정을 갖는다. 신선편이 농산물의 장점은 이용하기 편리할 뿐 아니라 저온 상태에서 가공·유통되어서 신선하고 포장되어 있기 때문에 휴대가 용이하다.

그러나 신선편이 제품은 원료가 박피, 절단, 세척 등의 가공을 거침에 따라 일반 채소보다 품질이 빨리 변할 수 있으므로 품질을 유지할 수 있는 고도의 가공 기술이 필요하다. 따라서 반드시 저온에서 유통되어야 하며 지속적인 품질 관리 기술 개발이 요구되고 있다.

나. 신선편이 상추

신선편이 제품 중에서 가장 많은 양이 가공되는 것은 결구상추이다. 결구상추는 다량의 수분을 함유해 아삭아삭한 식감이 특징으로, 샐러드용 채소로 가장 많이 이용되는 품목이다. 다른 샐러드용 채소와 혼합할 때에도 잘 어울린다.

이 외에 샐러드용 상추로서 로메인상추의 수요도 증가하는데, 양상추보다 강한 조직감을 갖고 있어서 기호에 따라 로메인상추를 선호하는 경우도 있다.

신선편이 범위에는 샐러드용으로 이용되는 결구상추 이외에 깨끗하게 세척되고 포장되어 쌈용으로 바로 이용할 수 있는 잎상추도 포함한다. 비록 절단은 안 되어 있지만 잎이 다듬어졌고 위생적인 세척과 포장 과정을 거쳐 소비자가 포장재를 개봉한 후 바로 이용할 수 있기 때문이다.

신선편이 상추의 가공량

국내의 신선편이 농산물 산업은 패스트푸드 및 외식 산업의 성장과 함께 학교 등의 단체 급식시장이 급신장하면서 크게 성장하기 시작했다. 최근에는 백화점 및 할인마트 등에서 소매용으로 결구상추를 주원료로 한 샐러드용 채소의 수요가 확대되고 있다.

가. 신선편이 농산물 시장

국내 신선편이 농산물 시장은 단체 급식과 외식업체용으로 주로 소비되다가 2000년부터는 소매시장 규모가 커지면서 신선편이 품목도 다양해졌다. 신선편이 시장규모는 2018년 8,089억 원, 2019년 9,364억 원으로 꾸준히 증가세를 보이며 2020년에는 1조 1,369억 원에 달할 것으로 전망되고 있다.

나. 신선편이 상추 가공량

신선편이 농산물 생산량은 매년 증가해 현재 연간 약 24만 3,000톤 이상 (2010)의 과일, 채소, 나물류 등이 신선편이로 가공되고 있고, 이 중 채소류가 약 83%로 연간 약 20만 1,000톤이 신선편이로 가공되고 있다. 신선편이 품목 중에서 가장 많은 가공량을 차지하는 것이 결구상추로서 연간 2만 5,000톤 이상이 신선편이로 가공된다. 패밀리레스토랑이나 패스트푸드점뿐 아니라 일반 소비자들의 샐러드 선호에 따라 매우 다양한 방법으로 소비되고 있다.

신선편이 상추의 품질 변화

신선편이 농산물은 다듬기, 절단 등의 공정으로 인해 갈변이 발생하는 등 품질이 빨리 변하거나 미생물의 오염이 높아질 수 있어서 원료에서부터 신선편이 가공 과정 내내 세심한 관리가 필요하다.

가. 갈변

신선편이 결구상추에서 발생할 수 있는 품질 변화로 대표적인 것이 갈변인데, 절단에 의해 빨리 나타나며 가공 과정에서 온도가 높거나 오랫동안 공기 중에 노출되면 더욱 빨라진다. 신선편이 가공 후 저온 유통이 되지 않거나, 유통 중 포장 내부의 산소 농도가 높게 유지되며 포장 필름에 핀홀(구멍)이 생기면 갈변이 빨라진다.

나. 이취

최근 소매용 신선편이 제품에 대한 수요가 증가하면서 신선편이 제품의 유통 기간이 늘어나게 되었다. 이 과정에서 개봉 후 이취가 발생되며 이는 신선편이 소매용 포장을 진공 포장으로 하거나 포장할 때 처음부터 낮은 산소 농도로 가스충전 포장 시 발생되는 경우가 많다. 신선편이 샐러드가 패스트푸드점이나 외식업체에 공급될 때에는 대부분 빠른 기간 내에 소비되어 문제를 느끼지 못했는데, 소매용으로 확대되면서 이취 발생이 많아지고 있다.

신선편이 결구상추 품질 관리 기술

신선편이 농산물은 얼핏 보기에는 단순히 세척, 절단된 것으로 보일 수 있으나 실제로는 위생적인 가공시설을 갖추고 고도의 선도 유지 기술을 이용해 제조되고 있다. 국내 신선편이 품목 중 가장 많은 양이 가공되고 있는 신선편이 결구상추 및 로메인상추의 일반적인 제조 과정은 (그림 7-5)와 같다.

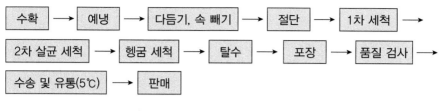

(그림 7-5) 신선편이 결구상추 제조 과정

가. 원료

신선편이 제품은 원료가 신선하지 않으면 아무리 좋은 가공 기술 및 공장시설을 갖추고 있어도 품질이 좋은 신선편이 상품을 만들 수 없으므로 원료의 신선도 유지가 중요하다. 원료의 품온 상승 억제를 위해 새벽 또는 오전 이른 시간에 수확하고, 낮에는 품온 상승으로 미생물 관리가 어렵고 품질이 급격히 떨어지므로 수확을 피하도록 한다. 그리고 결구상추는 신선편이 가공 후 우수한 품질 유지를 위해 수확 즉시 예냉 처리함으로써 신선도를 유지하도록 한다.

나. 절단

신선편이 가공공장에 도착한 결구상추는 결구되지 않은 잎과 결구된 것 중 겉잎을 제거한 다음 심(핵)을 칼날로 도려낸 다음 절단하도록 한다. 보통 결구상추는 자동절단기를 사용해 절단하기도 하지만, 양이 소량일 때는 수작업으로 절단한다. 이때 칼날과 절단면이 결구상추의 신선도 유지에 중요한 역할을 하므로 아주 날카롭게 갈아준(먼저 기계로 칼날을 간 뒤, 손으로 다시 갈아준) 칼날을 사용하는 것이 좋다.

로메인상추는 절단 작업 시 외부 잎과 심 주변의 어린잎을 제거하는 게 좋은데, 신선편이 유통 중 포장 내부에 이산화탄소 농도가 높을 경우(산소 농도는 거의 없는 조건) 상추 잎이 검은색을 띠는 고이산화탄소 장해가 발생하기 때문이다.

다. 세척

신선편이 농산물은 보통 3차례의 세척을 실시한다. 이때 세척에 사용되는 물은 음용수로 이용할 수 있는 것으로 선도 유지를 위해 주로 3~5℃ 내외의 냉각수를 사용한다. 세척은 1차에서는 원료인 과일·채소에 묻어 있는 벌레나 이물질 등을 제거하고, 2차 세척은 보통 염소수를 사용해 미생물을 제거하며, 3차 세척은 깨끗한 물로 헹구는 과정을 갖는다.

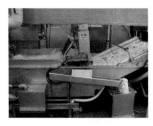

(그림 7-6) 1차 이물질 제거 세척   (그림 7-7) 2차 살균소독 세척   (그림 7-8) 3차 헹굼 세척

(1) 염소의 살균 특성

염소수 세척은 일반 신선편이 농산물의 살균 소독에 가장 널리 사용되고 있다. 염소 세척 시 사용되는 차아염소산나트륨(NaOCl)에서 살균 효과를 나타내는 차아염소산(HOCl)은 유리염소(유효염소)로서 물속에서 유기물과 반응한 후 남는 유리 잔류 염소의 양에 따라 달라진다. 이 유리염소는 세척되는 농산물에서 나온 미생물, 미네랄 및 유기물질 등과 같은 불순물과 접촉하면서 결합된 염소를 형성(결합염소)하고 미생물에 대한 살균 효과가 낮아지게 된다.

유리염소와 결합염소를 합한 것을 총 염소라고 하는데, 실제 염소의 살균 소독 효과는 유리염소에 의해 나타나므로 세척 과정 중에 수시로 물 시료를 채취해서 유리염소 농도를 점검하는 것이 필요하다. 일반적으로 세척 과정에서 유리염소가 2~3ppm 이하로 떨어지게 되면 살균 소독 효과가 거의 나타나지 않으므로 이때 다시 차아염소산나트륨을 보충해 주도록 한다.

(2) 신선편이 채소의 염소 세척

신선편이 채소를 살균 소독하는 염소수는 일반적으로 물에 차아염소산이

50~200ppm 농도로 되도록 만들어 준 뒤 1~2분간 처리한다. 이때 차아염소산나트륨으로 인해 세척수의 pH가 상승하므로 pH를 낮추기 위해 구연산, 인산, 빙초산 등의 산을 가해 조절한다.

염소 세척은 pH 및 온도에 따라 살균 효력이 크게 다른데, 특히 pH에 영향을 크게 받는다. 염소 세척에 의한 미생물 제어는 pH 4.5 부근이 가장 효과적이고 pH가 높으면 효력이 점차 낮아지지만 산업적으로는 세척 장비의 부식을 피할 수 있다. 살균 효과가 비교적 높은 pH 6.5~7 수준을 주로 사용한다.

〈표 7-1〉 pH에 따른 차아염소산(HOCl)의 염소 효율

온도(℃)	pH 4.0	pH 5.0	pH 6.0	pH 7.0	pH 8.0
0	100	100	98.2	83.3	32.2
20	100	99.7	96.8	75.2	23.2

(3) 유효 염소 농도 계산

염소 세척을 위해 원하는 농도의 염소 용액을 만들 때 차아염소산나트륨(NaOCl) 첨가량 계산은 다음과 같다.

$$필요한\ NaOCl\ 양 = \frac{(원하는\ 유효\ 염소\ 농도) \times (수조\ 용량)}{(NaOCl\ \%\ 농도) \times (10,000)}$$

예) 유효 염소 4% NaOCl(가정에서 사용하는 표백제 농도와 비슷함)을 사용해 100ppm의 유효 염소 농도를 만들 때

○ 4% 농도를 ppm 단위를 얻기 위해 10,000을 곱해 줌.

○ 총 200L(200,000mL)의 물에 염소수를 제조하려면?

$$필요한\ NaOCl\ 양 = \frac{(100ppm) \times (200,000mL)}{(4\%\ NaOCl) \times (10,000)} = 500mL$$

라. 탈수(건조)

절단한 결구상추는 세척 후 표면에 남아 있는 물을 제거하기 위해 주로 원심분리 방법으로 탈수(건조) 과정을 거친다. 원심분리 회전속도가 지나치게 빠르거나 시간이 너무 오래 소요되면 조직감에 피해를 줄 수 있어 신선도가 빨리 저

하될 수 있다. 신선편이 농산물은 세척 과정을 거치면서 미생물 수가 감소되며, 탈수 공정에서 다시 균수가 증가하는 경우가 종종 발생하므로 사용하는 탈수기와 버켓은 작업 전에 깨끗하게 세척해준다.

마. 포장

신선편이 결구상추의 포장은 내부의 수분, 가스(산소, 이산화탄소), 오염원(먼지, 미생물 등), 이취 등을 차단하거나 제한할 수 있어서 갈변, 이취, 조직감 등의 품질에 중요한 영향을 미친다. 중요한 기술로는 크게 진공 포장, 플라스틱 필름을 이용한 MA(modified atmosphere) 포장 및 견고한 트레이에 포장되는 용기 포장으로 구분할 수 있다.

(그림 7-9) 신선편이 결구상추 포장(진공 포장, MA 포장, 용기 포장)

(1) 진공 포장

신선편이 제품의 진공 포장은 가장 많이 사용되는 방법 중 하나로 특히 유통기간이 짧은 단체 급식용 및 외식업체용에 주로 사용되고 있다. 진공 포장은 신선편이 결구상추의 부피를 줄일 수 있어서 수송에 유리할 뿐만 아니라, 신선편이 제품의 갈변을 억제하는 데 도움을 주지만 유통 과정이 오래 소요되거나 온도가 조금만 높아져도 쉽게 이취가 발생할 수 있다.

신선편이 포장의 진공도는 신선편이 채소의 종류에 의해 달라질 수 있다. 진공이 강한 포장의 경우 신선편이 결구상추의 외관이 불량하고 압상의 원인이 될 수 있다. 따라서 진공보다는 감압으로 포장하는 것이 신선편이 결구상추에 도움이 될 수 있다.

(2) MA 포장

선택적 가스 투과성이 있는 플라스틱 필름을 이용해 포장 내부의 산소 농도를 낮추고 이산화탄소 농도를 높여주어 농산물의 호흡을 억제해 신선도를 유지시키는 데 도움을 준다. MA 포장 기술은 과일, 채소의 선도 유지에 이용되는 필수 기술이다.

① 신선편이 MA 포장의 주의점

신선편이 채소를 포장할 때 만일 호흡량이 많은 원료를 산소 투과율이 낮은 필름을 이용해 진공 포장을 하거나 초기에 낮은 산소 농도를 유지하도록 가스치환 포장을 하는 경우, 산소 농도는 거의 고갈되고 이산화탄소 농도가 매우 높아져 갈변을 억제하는 데는 도움이 되지만 이취 또는 매우 높은 이산화탄소 농도에 의한 장해가 발생하기 쉽다. 이와 달리 산소 투과율이 매우 높은 필름을 사용하면 이취 발생은 없으나 포장 내부의 높은 산소 농도로 인해 갈변되기 쉽다.

② 신선편이 상추의 MA 포장 조건

신선편이 상추에 적합한 MA 포장 기술은 신선편이 제품의 유통 기간 중에 갈변, 이취 및 고이산화탄소 장해를 억제할 수 있다. 신선편이 결구상추는 0.5~3%의 산소 및 10~15% 수준의 이산화탄소 농도가 적합하며, 로메인상추는 0.5~3%의 산소 및 5~10% 수준의 이산화탄소 농도가 적합하다. 그러나 각 원료의 절단 형태에 따른 호흡률, 무게, 포장재의 크기 등에 따라 달라지므로 이를 고려해 알맞은 산소 투과율을 갖는 필름을 선발해서 사용하는 것이 필요하다.

(3) 용기 포장

① 용기 포장의 장단점

신선편이 상추는 플라스틱 필름뿐만 아니라 비교적 견고한 용기에 포장되기도 한다. 주로 다른 채소와 혼합되어 샐러드용으로 사용하고 있다. 용기 포장은 제품의 물리적인 피해를 줄일 수 있고, 소비자가 개봉한 뒤 다시 다른 접시나 그릇에 옮길 필요 없이 일종의 그릇 역할을 하기 때문에 이용하기가 편리하다. 판매 과정에서 쌓거나 세워 놓을 수 있고, 제품이 깨끗하게 보여 외관적으로도 뛰어나 소비자의 구매 욕구를 불러일으키기도 한다. 그러나 용기 포장은 플라스틱 필름에 비해 단가가 높아 생산비가 증가되고, 뚜껑을 덮고 난 뒤 밀봉을 하지 않으면 새는 곳이 생겨 부패나 갈변 등의 문제가 생길 수 있다.

② 용기 포장의 종류

현재 용기 포장은 모양에 따라서는 주로 사발 모양, 컵 모양 및 도시락 형태의 사각형이 있다. 신선편이 상추가 담겨 있는 용기의 아래 부분과 용기의 뚜껑이 한쪽 면은 붙어 있고 다른 한쪽 면은 쉽게 열고 닫히는 이른바 조개형(Clamshell), 용기와 뚜껑이 분리되어 있는 분리형이 있다. 최근 용기 위에 플라스틱 필름이 부착되어 있는 것이 많이 늘어나고 있다.

그러나 썩지 않는 플라스틱 소재로 인한 환경오염 문제가 대두되고 있어 신선편이 농산물 선도 유지에 효과적이면서도 생분해성 소재를 이용한 친환경 포장재 사용의 중요성이 부각되고 있다.

바. 유통

신선편이 상추는 포장한 뒤 주로 물류센터를 거쳐 대형마트 등의 소매시장 또는 외식업체로 유통된다. 이때 온도 관리가 철저히 이루어지도록 한다. 좋은 품질의 상추 원료를 사용하고, 낮은 온도에서 신선하게 잘 가공해도 유통 과정에서 온도가 높을 경우 신선편이 상추의 품질은 쉽게 변하며 미생물도 급속히 늘어나게 된다.

보통 미국에서는 신선편이 상추가 10일 이상의 유통 기간을 갖고 있지만, 국내에선 유통 기간이 짧은 것은 원료의 품질에서도 차이가 있기 때문이기도 하지만 저온 유통이 정착되어 있지 못해서다. 그리고 대형마트 등에서 판매되는 신선편이 상추의 온도도 7~13℃로 선진국의 4~5℃보다 높다. 신선편이 상추는 가열이 수반되는 조리용이 아닌, 바로 먹는 샐러드용 채소로 신선도 유지를 위해서는 저온 유통이 필수적이다.

상추

상추경영

제8장

1. 상추경영 일반
2. 출하 조절을 통한 경영 개선
3. 경영 개선을 위한 방안
4. 상추경영 우수사례

01 상추경영 일반

연도별 수익성

시설상추(치마)의 겨울 재배 1기작의 최근 10년(2002~2011)간 수익성을 분석한 결과 10a당 조수입은 2002년에 546만 4,000원으로 가장 낮았다. 그 후 지속적으로 상승해 2011년에는 1,033만 3,000원으로 가장 높았으며, 1994년과 1995년에는 약간 하락 추세를 보였다. 연도별 조수입의 증감 패턴은 경영비에서도 비슷하게 나타나고 있다. 10a당 경영비가 가장 낮은 시기는 2005년으로 218만 8,000원이며, 가장 높은 시기는 2011년으로 462만 7,000원으로 인건비 상승 등에 따른 증가 추세이다. 그러나 10a당 소득은 1994년 이후 연도 간에 약간의 변화는 있으나 전반적으로 상승했고 2010년부터 증가 추세가 약간 하락세를 보이고 있다. 하지만 최근 2년 동안 10a당 소득은 550만 원을 초과하고 있다.

수익성에 영향을 미치는 요인

시설상추의 10a당 경영비(2011년)는 462만 7,000원이며, 고용노력비(28%)와 재료비(24%), 시설 및 농기계 감가상각비(15%)가 경영비의 67%를 점유하고 있다. 이뿐만 아니라 임차료가 경영비의 8%를 점유하고 있어서 시설상추 농가의 토지 임차 비율이 높음을 알 수 있다. 임차한 토지 비율이 높다는 것이 토지에 대한 고정 투자비 부담이 적어 경영에 도움이 될 수도 있지만, 토지 임차료에 대한 경영비 부담, 임차 계약 기간의 연장 등에 대한 문제, 시설 환경 개선을 위한 투자 회피와 지력 유지 또는 증진을 위한 토양 관리 부실 등의 문제를 발생시킬 수 있다.

경영비 중 고용노력비 비중이 높은 것은 수확 및 선별 포장 작업에 노동력이 집중되어 고용노동을 많이 이용하고 있기 때문이다. 재료비의 대부분은 포장재 비용이다. 이러한 비용은 수량과 직접적으로 관련이 있어 비용을 절감하기 어려운 비목이므로 소득을 높이기 위해서는 비용 절감보다는 수량 증대와 수취 가격을 제고해야 할 것이다.

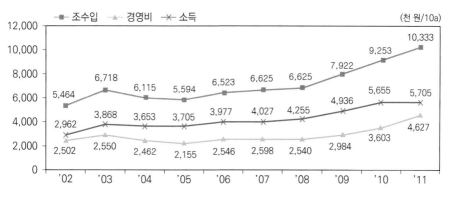

(그림 8-1) 연도별 시설상추 수익성

〈표 8-1〉 시설상추 경영비(2011)   (단위 : 천 원/10a, 1기작)

비료비	농약비	광열비	제재료비	감가상각	임차료	고용노력비	기타	경영비
411	26	491	1,098	711	365	1,276	228	4,627
(9)	(1)	(11)	(24)	(15)	(8)	(28)	(5)	(100)

주) 기타 비용은 종묘(자)비, 수선비, 소농구비 등임
자료: 2011 농축산물소득자료집. 농촌진흥청. 각 연도

일반적으로 시설상추는 시설토마토, 시설오이와 같은 과채류나 장미, 난류 등 화훼류에 비해 시설 투자가 많이 소요되지 않아서 상대적으로 진입이 쉬운 작목이다. 또한 신선한 상태로 소비되므로 소비 지향적인 작물이다. 그러나 가격이 지속적으로 높아질 경우 일시적으로 재배 면적이 증가해서 가격이 폭락하는 등 가격 변동이 심한 작목이므로 출하 시기는 경영 성과에 중요한 요인이 된다. 상

추의 경영 성과에 중요하게 영향을 미치는 요인 중 하나는 입지적인 조건이다. 따라서 시장 정보를 신속하게 수집하고 즉시 대응할 수 있는 지역 조건을 갖추어야 한다. 토지, 노동, 자본의 효율성을 제고하기 위해서는 일정한 규모를 갖추어야 할 것이다.

가. 출하 시기에 의한 수익성

시설상추의 경영 성과에 영향을 미치는 요인 중 하나는 출하 시기이다. 상추는 파종 또는 정식 후 약 15~20일경부터 수시로 수확이 가능하지만 고온기에는 수량이 감소한다. 수취 가격은 고온기인 7월 이후 출하가 가장 높고, 경영비는 겨울철 기온이 낮아 수막 재배 및 보온시설을 설치해 재배하는 12, 1월 출하 작형이 가장 높았다. 10a당 조수입도 1,422만 7,000원으로 높았고, 10a당 소득도 835만 8,000원으로 가장 높았다. 이뿐만 아니라 노동 및 토지 생산성도 2만 1,653원과 3만 4,705원으로 시설상추 재배 농가 평균보다 19%와 41% 높았다. 그리고 3, 4월 첫 출하와 7월 이후 첫 출하하는 작형이 12, 1월 출하 작형 다음으로 소득이 높았다. 최근에는 가온 재배 또는 보온 재배의 비용 증가에 따른 경영의 어려움보다 혹서기 또는 장마철 여름 재배 기술 및 시설 환경의 어려움으로 7월 이후의 가격이 높게 형성되고 있다. 그러므로 지역적인 조건과 시설 환경이 가능하다면 수취 가격이 높은 시기에 출하할 수 있도록 출하 시기를 조절할 필요가 있다.

⟨표 8-2⟩ 시설상추 출하 시기별 수익성(2011) (단위 : 원/10a, 1기작)

규모별		평균	12, 1월 이후	3, 4월 이후	5, 6월 이후	7월 이후
수량(kg/10a)		4,641(100)	5,876(127)	5,394(116)	3,156(68)	3,964(85)
수취 가격(원/kg)		2,433(100)	2,308(95)	1,949(80)	2,322(95)	2,676(110)
수익성 (천 원/10a)	조수입	10,334(100)	14,227(138)	9,713(94)	7,090(69)	8,662(84)
	경영비	4,497(100)	5,869(131)	4,757(106)	3,777(84)	3,675(82)
	소득	5,837(100)	8,358(143)	4,955(85)	3,313(57)	4,987(85)
생산성 (원/시간, 평)	노동	18,149(100)	21,653(119)	14,724(81)	16,292(90)	16,541(91)
	토지	24,541(100)	34,705(141)	21,667(88)	13,973(57)	21,022(86)
소득률(%)		56(100)	59(104)	51(90)	47(83)	58(102)

자료: 2011 농산물소득조사 농가자료 활용, 농촌진흥청

나. 입지 조건에 의한 수익성

출하 지역을 경기도 지역인 수도권과 서울과 같은 대도시 그리고 전북, 충남과 같은 수도권 이외 지역으로 구분해 상추 재배 농가 간의 10a당 수익성을 분석한 결과에 따르면 수도권 지역의 경영체는 전국 평균에 비해 상대적으로 수량이 17% 많고 토지 임차료, 인건비 등 생산 요소 가격이 높아 경영비는 22% 많았다. 조수입은 전국 평균보다 19% 많아 소득이 678만 4,000원으로 16% 많았다. 노동생산성과 토지생산성도 수도권 지역의 경영체들이 전국 평균보다 12%와 20%가 높은 것으로 나타나 소비 지향적인 상추의 특성으로 입지적인 조건이 좋은 수도권과 같은 지역에서 경영 성과를 높일 수 있음을 알 수 있다.

〈표 8-3〉 재배 지역별 수익성(2011)　　　　　　　　　　　　　　　　(단위 : 원/10a, 1기작)

규모별		평 균	수도권	대도시	수도권 외 지역
수량(kg/10a)		4,641(100)	5,436(117)	4,615(99)	3,707 (80)
수취 가격(원/kg)		2,433(100)	2,439(100)	1,977(81)	2,552(105)
수익성 (천 원/10a)	조수입	10,334(100)	12,265(119)	8,340(81)	8,596(83)
	경영비	4,497(100)	5,481(122)	3,812(85)	3,521(78)
	소득	5,837(100)	6,784(116)	4,528(78)	5,075(87)
생산성 (원/시간,평)	노동	18,149(100)	20,344(112)	11,197(62)	17,761(98)
	토지	24,541(100)	29,443(120)	19,566(80)	20,105(82)
소득률(%)		56(100)	55(98)	54(96)	59(105)

자료: 2011 농산물소득조사 농가자료 활용, 농촌진흥청

다. 경영 규모에 의한 수익성

경영 성과에 영향을 미치는 중요한 요소 중 하나는 규모이다. 하지만 대부분의 상추 재배 농가는 자작지에서의 영농보다 임차지 재배가 많아 규모 확대에 제약이 따른다. 근교농업으로서의 시설상추는 노동이 경영 규모를 제약하는 중요한 조건이므로 경영주는 노동이 집중적으로 소요되는 수확과 포장 작업에 고용노동을 확보할 수 있어야 규모 확대가 가능하다. 그렇지 않다면 최대한 자가노동을 활용할 수 있는 범위 내에서 경영 규모를 설정해야 할 것이다.

경영 규모별 수익성은 0.2ha 이하의 소규모 경영체는 10a당 소득이 평균보다

45% 높다. 이는 소규모 경영주가 자가노동을 집중적으로 투입해 집약적인 경영을 하기 때문이다. 이에 비해 0.2ha 이상 규모는 조방적인 경영에 의해 수취 가격이 낮고 고용노동의 비효율적인 이용으로 인해 경영비가 높아 10a당 소득은 평균 대비 76~84% 수준으로 상대적으로 낮았다. 생산성과 소득률에 있어서는 노동생산성과 토지생산성, 소득률은 0.2ha 미만이 가장 높고, 0.6~0.4ha 규모는 노동생산성은 평균과 비슷하고 소득률은 7% 높지만 토지생산성은 17% 낮다는 것을 알 수 있다. 0.2~0.4ha 규모와 0.8ha 이상 규모에서는 생산성과 소득률 모두 평균보다 낮았다. 그러므로 이러한 경영체는 수확 후 관리 기술 분야에서 집중적인 고용노동 관리 또는 노동의 질이 우수한 고용노동을 확보해야 한다. 이뿐만 아니라 경영 능력을 고려해 경영 규모의 확대 또는 축소로 경영 개선을 할 필요가 있다.

〈표 8-4〉 시설상추 경영 규모별 수익성(2011)   (단위 : 원/10a, 1기작)

규모별		평균	0.2ha 미만	0.2~0.6ha 미만	0.6~0.8ha 미만	0.8ha 이상
재배 면적(㎡)		3,912(100)	1,048(27)	3,072(79)	6,499(166)	11,985(306)
수량(kg/10a)		4,641(100)	5,919(128)	3,742(81)	4,530(98)	4,981(107)
수취 가격(원/kg)		2,433(100)	2,665(110)	2,324(95)	2,565(105)	2,224(91)
수익성 (천 원/10a)	조수입	10,334(100)	14,692(142)	8,232(80)	7,813(76)	9,259(90)
	경영비	4,497(100)	5,999(133)	3,788(84)	3,083(69)	4,367(97)
	소득	5,837(100)	8,692(149)	4,444(76)	4,730(81)	4,892(84)
생산성 (원/시간,평)	노동	18,149(100)	20,609(114)	16,060(88)	18,087(100)	17,432(96)
	토지	24,541(100)	35,539(145)	18,859(77)	20,473(83)	21,913(89)
소득률(%)		56(100)	59(105)	54(96)	61(107)	53(94)

자료 : 2011 농산물소득조사 농가자료 활용, 농촌진흥청

소득 수준이 높은 농가와 낮은 농가 간의 경영 특성

시설상추 재배 경영체 중 소득 수준이 높은 상위 20% 농가와 하위 20% 농가 간의 수익성 및 생산 요소 투입량을 비교해보았다. 수익성 면에서 비교해보면 상위 농가는 하위 농가보다 수량이 많고, 수취 가격은 높아 10a당 조수입이 2,316만 2,000원으로 5배 정도 높았다. 10a당 경영비는 736만 1,000원으로 하위 농가보

다 413만 8,000원이 많았다. 그 결과 상위 농가는 10a당 소득이 1,580만 1,000원으로 하위 농가보다 약 13배가 많았다. 이러한 요인을 경영비 면에서 보면 상위 농가는 공정육묘를 구입해 사용함으로써 종묘비가 많았고 가격이 비싼 친환경 농약 사용으로 농약비도 많았다. 조기 출하를 위해 난방에 의한 광열동력비가 많았고, 생산량이 많아 포장재 등 제재료비와 정식과 수확을 위한 고용노력비가 많이 들었다. 비료 투입량을 보면 하위 경영체는 질소, 가리와 인산 투입량이 상대적으로 많았으며, 상위 경영체는 유기질 비료 투입비가 많아 전체적으로 비료비가 많이 들었다. 생산성 면에서도 하위 경영체는 노동 및 토지생산성이 7,053원과 7,971원이나, 상위 경영체는 3만 3,136원과 6만 39원으로 하위 경영체보다 4~7배 이상 높았다. 그리고 소득률에서도 하위 경영체는 27%였으나 상위 경영체는 68%로 높았음을 알 수 있다. 이러한 차이 요인들을 고려해 시설상추를 재배하는 경영체들은 영농에 반영해 경영 성과를 높여 나가야 할 것이다.

〈표 8-5〉 소득 수준 우열 농가의 수익성 및 경영 특성 분석(2011)　　　　　　(단위 : 원/10a, 1기작)

구분			평균 (A)	상위 10% (B)	하위 10% (C)	대비(%)	
						B/A	C/A
재배 면적(평)			3,912	4,533	3,404	116	87
주산물 수량(kg)			4,641	9,174	2,427	198	52
농가 수취 가격			2,433	2,666	2,232	110	92
수익성 (원/10a)		조수입	10,334,326	23,161,805	4,418,184	224	43
		경영비	4,496,950	7,360,728	3,222,738	164	72
		종자비	181,756	296,724	83,601	163	46
		비료비	411,077	619,307	358,462	151	87
		농약비	25,528	40,345	24,578	158	96
		광열동력비	490,731	1,499,449	172,958	306	35
		제재료비	1,098,179	1,998,068	586,544	182	53
		감가상각비	711,300	621,408	758,341	87	107
		임차료	364,748	575,377	346,691	158	95
		고용노력비	1,145,413	1,635,129	849,105	143	74
		기타	68,219	74,922	42,458	110	62
		소득	5,837,376	15,801,077	1,195,447	271	20
생산성		노동(원/1시간)	18,149	33,136	7,053	183	39
		토지(원/평)	24,541	60,039	7,971	245	32
10a당 투입 요소량		노동시간(시간)	406	544	339	134	84
	비료 성분량 (kg)	N	14	8	34	55	238
		P	8	2	27	24	320
		K	9	4	27	47	292
kg당 생산비(원)			1,303	1,062	1,854	81	142
소득률(%)			56	68	27	121	48

자료: 2011 농산물소득조사 농가자료 활용, 농촌진흥청

출하 조절을 통한 경영 개선

소비 및 가격 동향

상추는 2000년도에 1인당 1일 소비량이 9.49g 정도였으나 2011년도에는 5.26g으로 매년 0.334g 정도 공급량이 감소하는 추세이다. 상추 소비와 관련해 대부분의 우리나라 사람들이 소비하는 잎상추는 신선한 상태로 소비되므로 거의 수입되지 않고, 최근에 양채류 생산이 증가하면서 소비 대체가 이루어지고 있다. 따라서 식품 안정성을 고려한 친환경 농산물의 생산으로 인한 품질의 차별화로 시장을 개척해나가야 할 것이다.

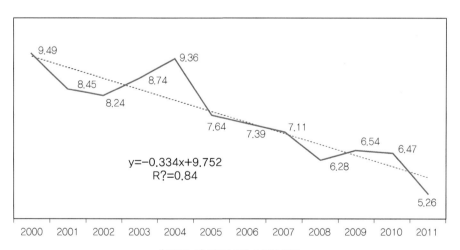

(그림 8-2) 1인당 1일 소비량 추이

자료 : 2011 식품수급표, 한국농촌경제연구원

상추는 작물 특성상 신선도가 품질을 결정하는 중요한 요소이므로 수확 후 유통 과정상 짧은 기간 내에 신속하게 소비되어야 한다. 그리고 재배 특성상 고온과 과습에 약해서 여름철과 장마기에 상추 수량의 감소로 인한 가격 폭등 추세를 보이고 있다. 상추는 수확 시기를 늦추게 되면 품질의 저하뿐 아니라 수량이 떨어지므로 시장의 수급 동향과 상관없이 지속적으로 수확해 출하하므로 가격이 폭락하더라도 수확을 해야 한다. 이러한 상품적 특성은 상추 가격의 변동폭을 증가시키는 중요한 요인이다.

최근 5년 평균(2008~2012년) 상추 도매 시장 가격은 기온이 상승하면서 시설상추의 수량이 증가하고 노지상추의 출하가 시작되는 2월부터 6월까지의 가격이 낮았다. 여름 휴가철 등으로 상추에 대한 수요량이 많고 고온으로 인해 수량이 낮은 7월부터 9월까지는 시설상추의 출하량이 적어 4kg 1박스 상품 가격이 5년 평균 1만 5,000원 이상에서 거래되고 있음을 알 수 있다. 그러나 상추 가격이 높게 형성되면 파종부터 수확까지 45일 정도의 짧은 기간이 소요되므로 공급량이 증가해 다시 폭락하는 특성을 보인다.

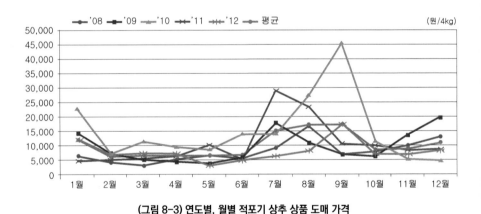

(그림 8-3) 연도별, 월별 적포기 상추 상품 도매 가격

자료 : www.garak.co.kr, 서울특별시농수산물공사

최근 5년 평균(2008~2012년) 가격을 기준으로, 상추의 품종별 가격은 7월 이후는 적엽상추 가격이 가장 높고 1월부터 3월까지는 흰엽상추 가격이 가장 높다. 특히 1월부터 6월까지는 품종 간 가격 차이가 크지 않았으나 7월과 9월은 적엽과 적포기상추 가격이 높게 형성되고, 11월과 12월은 흰엽상추 가격이 상

대적으로 높게 형성되었다. 그러므로 1월과 6월은 품종 간에 가격 차이가 크지 않으므로 수량이 높고 생산비용이 적게 소요되는 품종을 선택해 재배하는 것이 유리하다. 7월부터는 가격이 높게 형성되는 품종을 선택해 재배하는 것이 소득을 높일 수 있을 것이다.

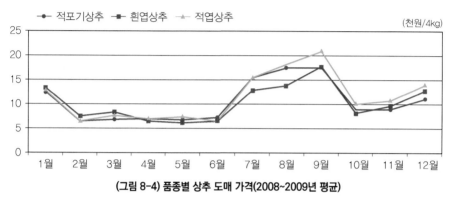

(그림 8-4) 품종별 상추 도매 가격(2008~2009년 평균)

자료 : www.garak.co.kr, 서울특별시농수산물공사

유통 현황

우리나라 최대 시설상추의 주 출하지(가락동도매시장 기준)로는 이천(21.0%), 용인(17.6%), 광주(17.4%), 서울(9.7%), 성남(9.6%), 하남(6.3%) 등 서울을 중심으로 한 수도권 지역에서 전체 출하량의 약 82%를 생산하고 있다. 월별로는 1~5월, 12월은 이천 지역, 6~8월, 11월은 충남 논산 지역, 9~10월은 경기도 이천 지역에서 가장 많이 출하되고 있다. 특히 출하 시기가 동일한 지역은 작목반 등 생산자 조직을 통해 산지 간 파종·정식 면적, 작황 및 출하 정보를 교환해 특정한 시기에 재배 면적과 출하량이 집중되지 않도록 가격을 안정시켜야 할 것이다.

〈표 8-6〉 월별 주 출하 지역(2012년 기준)

1월	2월	3월	4월	5월	6월	7월	8월	9월	10월	11월	12월
이천	이천	이천	이천	이천	논산	논산	논산	이천	이천	논산	이천
논산	논산	논산	논산	논산	이천	이천	이천	논산	논산	이천	논산

1월	2월	3월	4월	5월	6월	7월	8월	9월	10월	11월	12월
광주	충주	성남	광주	광주	광주	광주	광주	성남	광주	광주	광주
충주	광주	광주	성남	성남	여주	성남	성남	광주	성남	여주	성남

주) 광주는 경기도 광주.
자료 : 2012년판 출하지분석집, 서울특별시농수산물공사

상추 주산지 중 한 곳인 용인 지역에서 출하되는 상추의 유통 경로를 살펴보면 전체 출하량의 5%는 대형 유통업체를 통해 소비자에게 판매되고, 나머지 94%는 도매 시장으로 출하되며, 약 1%는 대량 수요처에 공급된다. 도매 상인은 중간 도매상 40%, 소매상 34%, 대량 수요처에 10%를 공급한다. 중간 도매상은 공급받은 40%의 물량 중 40%를 소매상에게 공급하고 소매상은 도매상의 공급 물량 34%를 포함한 총 74%를 소비자에게 공급한다. 이러한 유통 경로는 유통 단계별 유통 종사자들이 경제적인 요인 외에 인적·사회적 요인에 의해 거래되고 최종 소비자에게 공급되기 때문에 어떤 경로가 가장 효율적인지는 알 수 없다. 하지만 상추는 상품 특성상 저장성이 약한 데 비해 소비자는 신선한 상태로 소비하므로 유통 단계와 시간을 줄여 소비자가 신선한 상추를 소비할 수 있는 유통 경로로 개선되어야 할 것이다.

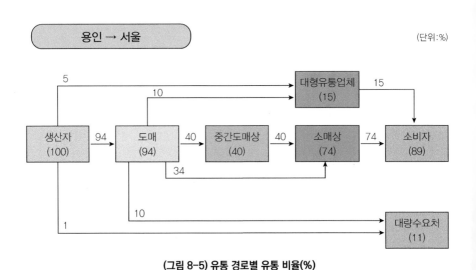

(그림 8-5) 유통 경로별 유통 비율(%)

자료 : 2011 주요 농산물 유통 실태, 농수산물유통공사

용인 지역을 중심으로 출하되는 상추의 kg당 농가 수취 가격은 1,554원이나 소비자에게 도달되는 데 소요되는 유통 비용 2,641원을 포함한 소비자 지불 가격은 4,195원이다. 이러한 가격의 차이가 발생하는 유통 단계별 유통비 비율은 소매 단계 37.1%, 도매 단계 19.8%, 출하 단계 5.9%로 소매 단계가 가장 높다. 유통 비용별 유통비 비율은 포장비, 하역비, 수송비, 상장수수료 및 감모비 등과 같은 직접비가 있다. 아울러 임대료, 인건비, 제세공과금 및 감가상각비 등 기타 운영비도 있다. 직간접 유통 비용을 제외한 유통 종사자의 이윤도 높은 비중을 차지하고 있다. 상추는 다른 농산물과 달리 소매상의 이윤이 높은 것은 예상할 수 없는 감모의 불확실성에 대한 소득의 보전비용이 크기 때문이다.

〈표 8-7〉 출하 지역별 유통 단계별 유통비 비율(2011, 용인) (단위 : %)

농가 수취율	유통 비용	비용별			단계별			가격(원/kg)	
		직접비	기타 운영비	이윤	출하 단계	도매 단계	소매 단계	농가 수취가격	소비자 가격
37.2	62.8	16.9	27.6	18.3	5.9	19.8	37.1	1,554	4,195

자료 : 2011 주요 농산물 유통 실태, 농수산물유통공사

03 경영 개선을 위한 방안

경영 성과에 영향을 미치는 요인

동일한 지역에서 비슷한 규모로 농사를 짓고 있음에도 불구하고 농가 간에 소득 차이가 크게 발생하고 있다. 이러한 현상은 거의 대부분의 작목에서 나타나고 있는데, 이는 경영주의 경영 기술과 판매 능력, 입지적인 조건 등에 따른 차이에서 발생한다.

농가 간에 경영 성과의 차이가 발생하는 주요인은 다음과 같은 다섯 가지로 설명될 수 있다.

첫째, 영농 규모의 차이가 있기 때문일 것이다. 모든 조건이 동일하지만 경영 규모가 크다면, 상대적으로 더 많은 소득을 올릴 수 있고 규모의 경제에 의해 비용을 절감할 수 있을 것이다.

둘째, 동일한 규모라 할지라도 지력의 차이나 관수시설, 경지 정리 등과 같은 생산 기반과 시장과의 거리 등과 같은 입지적인 조건이 영농에 편리하고 효율적으로 구비되어 있다면 생산비를 절감할 수 있을 것이다.

셋째, 동일한 규모, 동일한 생산 기반을 갖추고 있다고 할지라도 육묘, 병해충 방제 및 시비 기술 등 경영주의 재배기술의 차이에 의해 생산성과 품질의 차이로 소득 차가 발생할 수 있다.

넷째, 동일한 영농 규모, 생산 기반시설과 재배 기술이 동일하다고 해도 언제, 어디에 판매하느냐에 따라 소득의 차이가 발생할 수 있다. 선별, 포장, 상표화, 보관, 운송, 출하 시기, 출하처 등과 같은 유통 및 판매 능력에 따라 소득의 차이가 나타난다.

다섯째, 위의 모든 조건이 같다고 해도 경영 계획을 잘 세워서 기록하고 분석을 하며 진단해서 꾸준히 문제점을 개선해나가는 경영주와 그렇지 못한 경영주 간의 소득 차이가 벌어지게 되는 것은 어쩔 수 없는 일일 것이다.

이렇게 여러 가지 조건들에 의해 농가 간, 지역 간에 경영비와 소득의 차이가 발생하게 되므로 경영주는 단순히 주어진 여건하에서 생산만 하는 것이 아니라, 인근 농가 또는 지역의 경영체들과 경영 성과를 비교하고, 분석해 경영 개선을 위한 노력을 기울여야 할 것이다.

경영 개선을 위한 방향

경영주는 경영의 목적인 소득 또는 순수익을 극대화하기 위해 기술 혁신과 경영 규모 확대로 생산량을 증대해야 할 것이다. 그리고 품질을 향상시키고 시장 대응력을 높여 수취 가격을 제고해야 한다. 이뿐만 아니라 작업 체계의 개선과 생력화 기계의 도입 등으로 경영비 또는 생산비를 절감해야 한다.

그러나 생산량 증대와 품질 향상 및 비용 절감은 현실적으로 서로 상충된 목표이다. 생산량을 증대하기 위해서는 시비량 증대, 병해충 방제 등 집중적인 관리를 함으로써 비용이 증가되며, 품질을 향상시키기 위해서는 소규모 경영에 의한 소량 생산과 포장, 선별 등을 철저히 해야 하므로 비용이 증가한다. 비용을 절감하기 위해 생산 요소 비용을 절감하면 수량이 떨어지고 품질이 떨어질 수밖에 없다. 그러므로 농가는 합리적인 경영 개선을 위해서는 서로 상반된 요소들을 농가의 여건에 맞게 방향을 설정한 후 경영 개선을 위한 의사결정을 해야 할 것이다.

경영 개선을 위한 기본적인 실천 사항

첫째, 경영 기록을 해야 한다. 경영주는 경영 목적을 달성하기 위해 무엇보다 경영 성과를 정확하게 분석, 진단하고 기록하는 습관을 가지고 꾸준히 경영 기록을 해야 한다.

둘째, 경영 분석이다. 경영 기록을 근거로 조수입, 경영비, 생산비, 소득, 순수입 등을 산출하고 토지, 노동 및 자본 등의 생산성 지표도 산출해야 한다.

셋째, 분석 결과를 보고 진단해야 한다. 경영 성과를 분석한 결과를 근거로 문제점을 발견하고 원인을 규명해서 경영 개선 방안을 모색하는 지표를 설정해 선진 농가 또는 전년도의 지표와 비교해 진단한다.

넷째, 진단 결과에 의해 농가 특성에 맞는 경영 설계를 해야 한다. 진단 결과를 바탕으로 농가의 경영 여건에 따라 소득과 순수익의 극대화, 비용의 최소화 등과 같은 경영 목표를 설정해 계획을 수립하는 것이다.

경영인이 알아야 할 기본 요소

※ 이후 내용은 박춘성님이 쓴 『이제는 경영이다』의 내용을 발췌했다.

가. 부실 경영의 원인

소득을 높이기 위해 새로운 시설과 작목에 투자하지만 때로는 투자 자금이 부채로 전환되어 경영에 어려움을 겪는 경우가 있다. 이러한 가장 큰 원인 중 하나는 생산량 증가 또는 수입으로 인해 공급과잉에 의한 농산물 가격 하락이다. 농산물에 대한 소비 패턴은 시간을 두고 점진적으로 변하고 있으나 공급은 변동이 심해 소득이 불안정하다. 소득이 높아 성공한 농업인은 수많은 성공 요인이 복합적으로 작용하지만, 실패는 한두 가지의 실패 요인이 결정적으로 영향을 미치게 된다. 따라서 부실과 성공 요인에 대한 분석과 자기반성은 점점 악화되는 시장 환경에서 생존할 수 있는 경영주 혁신의 방향을 제시할 수 있을 것이다.

첫째, 불충분한 투자 계획을 들 수 있다. 경영 활동은 계획과 실행 그리고 반성의 과정을 반복적으로 수행한다. 그리고 농업경영은 시장 분석과 사업계획 수립, 영농 활동과 경영 성과 분석의 과정이 반복적으로 이루어지는 것이다.

안정된 경제 상황에서 농업경영 활동은 관습적이고 반복적으로 이루어진다. 하지만 농업경영이 급속히 규모화되고 자본형 기업으로 변화하는 과정에서 시장 분석과 사업 계획은 제대로 수립되지 못한 채 다른 사람의 권유나 주위의 성공 사례를 보고 투자하는 경우가 많다. 기업적인 농장 관리에 익숙하지 못하고, 새로운 시장 환경에서 합리적인 의사결정을 할 수 있을 정도의 충분한 정보 습득이 어려운 상황이라면 자연스러운 현상이라고 볼 수 있다. 선진 사례나 성공 사례의 벤치마킹은 일반적인 경영 및 기술 습득 방법으로 여겨져 왔다.

시장 전망과 사업 계획이 제대로 수립되지 못한 상태에서 투자가 이루어지기 때문에 돌발적인 경제 환경의 변화와 경영 위험에 적절히 대처하지 못하게 된다. 그리고 새로운 환경에 적응하는 능력이 떨어지게 되므로 투자의 성공 여부가 본인의 의지와 능력보다는 외부 환경에 영향을 더 받게 되었다.

둘째, 시장 전망에 대한 오판이다. 새로운 작목을 선택하거나 자금을 투자하는 것은, 선택한 작목이 앞으로 높은 가격을 받고 기대하는 만큼의 이익이 발생할 것이라고 생각하기 때문이다. 소비가 안정되어 있고 공급이 제한적이던 시대에는 고품질 농산물을 생산하는 것이 농업경영의 최대 과제였고, 고품질 농산물의 판매는 대부분 높은 소득으로 연결되었다. 농산물에 대한 소비자 기호가 변하고 생산자 간 경쟁이 심화됨에 따라 농산물 가격과 시장에 대한 기대는 점점 불확실해 지게 된다. 수익성이 높은 작목이 있는 반면 손실이 발생하는 작목도 있다. 같은 작목이라도 경제 환경과 소비자의 기호 변화에 따라 좋다가 나빠지기도 한다. 소문이나 매스컴에 소개되는 고소득 작목에 투자를 했는데 정작 본인이 생산한 농산물을 판매할 때에는 가격이 하락하는 경우가 자주 발생한다. 이런 현상은 투자 결정과 시장 진입 시기가 너무 늦어서 나타나는 결과이다. 이미 시장에는 공급 과잉과 가격 하락이 일어나고 있었기 때문에 사업 초기에는 어느 정도 이익이 발생하는 듯하다 곧바로 어려움을 겪게 된다.

셋째, 재배기술의 미흡이다. 재배기술은 누구나 충분히 갖추고 있다고 가정하기 쉽다. 그러나 농장경영의 핵심인 재배기술에 대해 소홀히 취급하는 경우도 많이 있다. 기술적 준비가 부족한 상태에서 버섯이나 양란 등 고도의 기술을 요하는 작목을 재배하거나, 새로운 시설이나 재배 기법을 도입하는 경우 재배 실패의 가능성은 매우 높아지게 된다. 특히 도시에서 생활하다가 귀농하는 경우 벼농사 같은 토지 이용형 농업보다는 시설농업을 선호하게 되는데, 재배기술 습득을 위한 훈련 과정이 미흡하고 사업을 착수한 이후에도 필요한 정보를 얻을 수 있는 인적 네트워크가 대단히 취약하게 된다. 이런 경우 사업 초기 시행착오에 의한 재배 실패를 반복하게 되고 몇 차례의 시행착오를 더 겪으면서 기술 및 경영 노하우를 터득하게 되지만, 이미 경영은 회복하기 어려울 정도로 부실화되면서 어려움을 겪게 된다.

넷째, 부적합한 시설 선택이다. 원예시설을 선택할 때 자동화 하우스에서도 재배 가능한 작목을 계획하면서 유리온실을 시설한다면 시설 투자에 따른 고정비 부담이 높아 이미 가격 경쟁력을 상당 부분 상실했다고 볼 수 있다. 잃어버린 가격 경쟁력은 품질 경쟁력으로 극복해야 하지만, 그렇지 못한 경우 필요 이상의 첨단시설과 장비는 농산물의 가격 경쟁력을 저하시키는 원인이 되어 결국 시장 경쟁에서 밀리게 된다. 시설 관리 및 운영이 미숙해서 작물 생육에 치명적인 영향을 주는 경우도 많다.

다섯째, 무리한 투자와 사업 확장이다. 기업의 부실 원인으로도 자주 거론되는 것이 무리한 사업 확장과 신규 사업으로의 진출이다. 농업 분야도 예외가 아니며 사업 초기 어느 정도의 이익 혹은 현금이 발생하면 곧바로 경영 규모 확대의 유혹에 빠지게 된다. 경영 규모를 확장하면서 그동안 벌었던 현금은 물론이고 추가로 대출을 받아 규모를 대폭 확대하는 것이 일반적이다. 가장 큰 실수는 기존 차입금에 대한 상환 준비가 되어 있지 못한 상태에서 추가적으로 대규모 투자가 이루어지기 때문에 기존 차입금의 상환 도래와 신규 투자에 따른 운전 자금 부족 현상이 동시에 발생하게 된다. 이 경우 단 한 번의 실수가 돌이킬 수 없는 실패로 이어지고, 사업이 정상적으로 수행되더라도 흑자부도의 위험성이 높아지게 된다. 기획과 생산, 판매까지 모든 경영 관리를 농업인 혼자서 처리해야 하는 농업경영 특성상 투자 과정에서 발생하는 위험성을 스스로 감지하는 일은 쉽지 않지만, 고액이 투자된다면 현금 흐름과 투자 경제성에 대한 분석이 이루어져야 한다. 스스로 하기에 어렵다면 전문가의 도움을 받는 것이 현명한 방법이다.

나. 품목 특성별 투자 전략 세우기

첫째, 안정형 품목은 벼농사처럼 고도의 기술을 요하지는 않으면서 수익이 비교적 안정되어 있고, 상대적으로 위험성(Risk)이 낮은 품목을 안정형 작목으로 분류해보았다. 즉 수익성과 위험성이 모두 낮은 품목이다. 이런 품목은 경영 규모를 확대함으로써 단위당 생산비를 절감하고 수익을 최대화하는 규모화 전략을 검토할 수 있다.

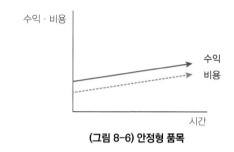

(그림 8-6) 안정형 품목

경영 규모를 확대하기 위한 방법에는 매입과 임차가 있다. 자가 소유 토지를 일정 규모 이상 확보하지 못한 경우에는 자기자본이나 대출 조건이 유리한 자금을 차입해 토지를 매입함으로써 규모화를 이룰 수 있다. 반면 이미 일정 규모 이상의 자기 소유 토지를 확보하고 있다면 추가로 매입하는 것보다는 임차 면적을 확대하는 방식으로 규모화시키는 것이 유리할 수 있다. "토지를 매입하면 부채와 토지가 남고, 토지를 임차하면 현금이 남는다."

둘째, 경쟁형 품목이다. 시설 원예 작목같이 수요는 어느 정도 안정되어 있으나, 생산자 간에 경쟁이 심하고 가격 등락이 큰 작목을 경쟁형 품목으로 구분해보았다. 이런 품목은 가격 수준과 출하 농산물의 품질에 따라 생산 농가의 수익성이 크게 영향을 받게 되므로 품질의 고급화와 효율적인 마케팅으로 수익을 최대화하는 차별화 전략을 검토할 수 있다.

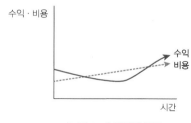

(그림 8-7) 경영형 품목

시장에서 농산물을 차별화하기 위해 가장 중요한 요인은 품질 고급화와 포장의 개선이다. 그러나 이들 품목은 가격 상승 시 생산자의 신규 진입이 용이해 품질과 포장 차별화만으로는 안정적인 경영 기반을 확보할 수 없으며, 시장의 신뢰와 안정적인 고정 거래처 확보 등 마케팅 능력이 수반되어야 한다. 고품질 농산물을 생산하고 포장을 개선하는 것은 어느 정도의 노력과 비용을 지급하면 가능한 일이다. 하지만 시장에서 신뢰를 쌓고 안정적인 고정 거래처를 확보할 수 있는 마케팅 능력은 아무나 갖게 되는 것이 아니다.

셋째, 벤처형 품목이다. 새로운 품종의 버섯이나 가공식품처럼 수익성이 높은 품목으로 시장에 등장하고, 기업형으로 성장하기 쉬운 품목을 벤처형 품목으로 구분해보았다. 이런 품목은 수익성과 위험성이 모두 높은 것으로, 새로운 투자에 따른 타당성 검토와 합리적인 농장 관리 등 기업 방식에 의한 경영 관리가 요구된다.

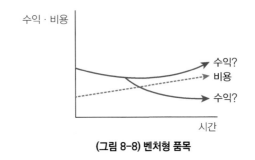

(그림 8-8) 벤처형 품목

이들 품목은 처음에는 수익성이 높은 반면 철저한 사업 계획과 경영 관리가 요구되므로 위험성이 높고 생명주기가 짧을 수 있다. 따라서 사업 초기에 수익을 집중적으로 확보해 투자자본을 회수할 수 있는 경영 전략이 수립되어야 한다. 사업 초기에 많은 이익이 발생하더라도 이익금을 마음대로 처분하거나, 사업 규모를 확대하기 위한 재투자 자금으로 사용하는 것에는 신중해야 한다. 현금 흐름 관리에 특히 주의하고 감가상각비나 차입금 상환액을 충분히 적립해두어야 한다. 무리한 사업 확장으로 인한 실패가 나타나기 쉬운 유형이기도 하다.

넷째, 파동형 품목이다. 일부 축산물이나 과실처럼 어느 시기에는 수익성이 매우 좋다가 가격이 하락하면 생산비 회수도 어려울 정도로 폭락하는 품목을 파동형 품목으로 구분해보았다.

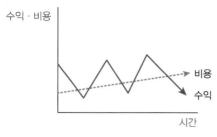

(그림 8-9) 파동형 품목

이들 품목은 초과 이윤과 손실이 반복적으로 나타나기 때문에 높은 수익이 나타나기도 하지만 사회 문제화가 될 정도로 폭락하기도 한다.

이런 품목은 가격 및 소비 동향 등 시장 상황에 대한 분석 능력이 경영의 핵심이며, 투자 시기가 가장 중요한 의사결정 사항이다. 주위에 성공한 사례가 많이 보이거나, 새로운 농가의 신규 진입이 충분할 정도로 높은 가격이 장기간 지속되었다면 가격 하락과 불황이 찾아올 수 있다는 것을 신중히 검토해야 한다. "때문에 막차를 타지 않도록 주의해야 한다."

다. 틈새시장 찾기

농산물 시장이 개방되지 않고 경쟁이라는 시장원리가 덜 거론되던 시절에, 땅은 누구에게나 공평한 기회를 안겨 주었다. 그러나 공급이 증가하고 생산자 간에 경쟁이 심화됨에 따라 생산이 아닌 마케팅과 품질이 경영의 중심이 되었다. 따라서 많은 농가는 자신만의 수익과 기회를 제공해줄 수 있는 틈새시장을 찾아 나서게 되었다.

첫째, 작부체계 개선을 들 수 있다. 우리나라는 여름과 겨울에 작물 재배가 어렵기 때문에 냉난방을 통해 작부체계 및 출하 시기를 조절함으로써 연중 생산하는 품목이 늘어나고 있다. 단경기를 목표로 하는 출하 시기 조절은 냉난방을 위한 추가 비용에 따른 경제적 부담과 다른 농가의 신규 진입이 활성화될 때 가격 상승 효과가 예상보다 적게 나타날 수 있는 위험성(Risk)이 존재하게 된다. 판매 가격의 상승 효과가 비용 증가 부담보다 크게 나타나야 경제적으로 타당성을 갖게 된다. 전략적인 작부체계를 수립하기 위해서는 농장의 시설 조건은 물론 지형과 기후 조건을 고려해야 한다. 상식적인 관점에서 남부 지역은 동절기, 북부 지역은 하절기에 경쟁력이 있다고 볼 수 있다. 따라서 남부 지역은 저온 극복이 가능한 겨울철 시설농업이 발달하고, 북부 지역은 여름철의 신선한 기후를 이용한 고랭지농업이 발달하게 된다.

둘째, 고급 농산물은 소득수준이 높은 소비자가 방문하는 고급 시장에 출하해야 한다. 간이 하우스와 자동화 하우스, 유리온실 등 세 가지 유형의 시설에서 같은 시기에, 같은 품종의 농산물이 생산되었다면 어느 시설에서 생산된 농산물의 품질이 가장 좋을까? 아마도 유리온실에서 생산한 농산물의 품질이 가장 좋을 것이다. 서로 다른 시설에서 생산된 농산물은 같은 품목이라도 품질과 생산원가가 다르므로 별개의 농산물로 보아야 할 것이다. 그러므로 당연히 판매 시장과 판매 가격도 달라야 한다. 간이 하우스와 자동화 하우스에서 생산된 농산물이 도매 시장으로 출하되고 일부는 직거래를 통해 좀 더 높은 가격을 받을 수 있다면, 유리온실에서 생산된 농산물은 대량 거래가 이루어지고 경매에 의해 가격이 결정되는 도매 시장보다는 백화점이나 쇼핑센터 등 고급 농산물을 원하는 시장으로 직접 출하되어야 한다. 유리온실에서 생산된 농산물이 도매 시장에서 간이 하우스나 자동화 하우스에서 생산된 농산물과 같은 조건에서 경쟁한다면, 생산원가가 높기 때문에 가격 경쟁력을 잃어버리게 된다. 만약 도매 시장에서 경매가 이루어진다면 시장에서 브랜드와 품질에 대한 차별화가 나타날 수 있도록 하는 별도의 마케팅 활동이 있어야 한다. 비슷한 예로 품질인증 혹은 친환경 농산물을 생산하기 위해서는 여러 단계의 심사 과정과 인증 유지를 위한 많은 노력과 유·무형의 비용이 발생하게 된다. 일종의 고비용 농산물인 것이다. 이런 농산물도 판매 계획이 수립되지 않은 상태에서 막연한 기대만으로 생산해 도매 시장에 출하하면 기대했던 가격을 받을 수 없는 경우가 많았다.

셋째, 수출 시장의 개척이다. 농산물 시장의 개방으로 농산물 수입이 급속히 증가하고 있지만, 국내 농산물의 해외 수출도 활발히 추진되고 있다. 세계 최대 농산물 수입 국가로 평가받고 있는 일본과 최근 급속한 경제 성장을 이루고 있는 중국이 인접해 있고 경제 개발이 활발히 이루어지고 있는 동남아 시장 등 농산물 수출 시장의 개척 가능성은 매우 높다고 볼 수 있다. 농산물 수출은 마케팅 영역을 국제 시장으로 확대하고 농장 경영을 기업적으로 전문화하는 것이다. 수출용 농산물을 생산하는 농가 중에는 수출을 전문으로 하는 곳이 있는 반면 국내 시장 가격이 수출 가격보다 낮을 때만 수출하고자 하는 곳이 있다. 경영자의 의사결정 사항에 대해 어느 것이 좋고 나쁘다고 일방적으로 단정하기는 어렵지만, 농산물을 수출하기 위해서는 품질 관리와 무역 절차 등 국내 출하보다 전문적이고 책임감 있는 경영 관리가 요구된다. 농산물 수출에는 농가 이외에도 무역 관련 기관이나 업체가 유기적으로 연결되어 있으므로 국제 무역에 따른 신뢰를 지키는 것에 특히 유의해야 한다.

04 상추경영 우수사례

서울특별시를 비롯한 국내 전국 10개 도(서울특별시, 경기도, 강원도, 충청북도, 충청남도, 전라북도, 전라남도, 경상북도, 경상남도, 제주특별자치도)의 우수사례를 소개해 상추농업 경영 시 참고할 수 있도록 했다.

서울특별시

서울에서의 상추 재배 역사는 꽤 오래되었다. 지금은 서울숲으로 공원화되어 초고층빌딩이 들어선 뚝섬 지역의 상추는 1960~1970년대까지 우리나라 상추 역사를 대변한다고도 할 수 있다.

비닐하우스 상업적 이용의 시발점, 백색혁명, 도시근교농업, 대도시 신선 쌈 채소 공급 등 신선 쌈 채소를 대변하는 상추는 서울채소농업의 대표 작목이다. 상추는 서울시 채소 재배 면적 중 한때는 10% 이상을 차지하는 중요한 쌈 채소였다. 그런데 최근 쌈 채소 시설 재배기술의 전국적인 확산, 여름철 고랭지 재배, 연작 피해 확산, 수확에 따른 인건비 상승, 서울 경지 면적 및 농가 감소 등으로 급속히 줄어드는 추세에 있다.

〈표 8-8〉서울특별시 상추 재배 면적 추이

연도별(년)	2007	2008	2009	2010	2011	2012
상추 면적(ha)	104	57	30	18	7	4

(2007~2012, 통계청 채소 생산량)

서울의 주 채소 재배 지역은 강동, 강남, 양천, 구로, 송파 등에 분포되어 있으며, 주요 상추 품종은 적축면, 청치마, 청축면 상추 등이 대부분이다. 최근 도입종인 로메인상추가 일부 친환경 재배 농가에서 선호되는 품종이다.

서울 지역의 주요 재배 작형은 대부분 1작기가 가을(9~11월)에 정식해 봄 늦게까지(5월) 수확하고, 2작기로 여름 재배(5~7월)를 잠깐 한 후, 3작기는 여름부터(7월) 초가을(9월 초)까지 재배한다. 대부분 2.5~3기작 형태라고 볼 수 있고 최근에는 인건비 상승과 수확 시 노동력 확보에 어려움이 있어 주요 재배 작물 중간에 임시적으로 재배하고 있으며, 도시농업의 활성화로 상추 등 엽채류 모종을 인근 도시 텃밭에 판매하는 농가도 생겨나고 있다.

서울 지역의 채소작목반은 12개 채소작목반으로 구성되어 있다. 지역별 주요 재배 작목은 강동구의 경우 암사동에서 오이, 토마토 등 과채류 위주로 재배가 이루어지고 고덕동은 코리앤더(고수), 치커리, 비타민 등 양채류 위주로 재배하고 있으며 강일동은 아욱, 호박, 가지 등 과채류와 엽채류 등을 재배하고 있다. 강남구 세곡동은 부추, 상추, 근대 등이 재배되며 강서 지역은 주로 대파 등이 재배되고 있다. 서울에서는 단일 작목의 전문 재배보다는 다품목 재배를 선호하고 있다. 상추 단일 작목으로 구성된 연구회나 작목반은 없지만, 대부분 상추를 기본으로 재배하는 농가들로 구성된 작목반이고 특히 쌈 채소 연구회 농가들이 대부분 상추 재배를 기본으로 하고 있기 때문에 상추는 서울 시설 채소 농사의 기본이며 작목반 구성의 기본이라고 할 수 있다. 최근에는 장기간 시설 재배로 인한 연작 피해 및 염류 집적 등의 부작용을 해소하기 위해 돌려짓기를 하고 있어서 상추 전문 농가가 줄어들고 있으나, 강남구에서 상추 재배를 하는 대표 농가로는 수서작목회의 박재인 씨와 강동구 고덕작목반회의 최재일 씨가 있다.

가. 박재인 씨 농가

강남구 자곡동에 거주하며 수서작목반 회원으로 활동 중이다. 경지 면적은 4,000평 임차농으로 시설은 단동 비닐하우스 15동 규모의 비교적 대농이다. 경작지와 재배 농가의 경력을 살펴보면, 최근 보금자리주택 개발지역으로 강남에서 농사를 짓고 있는 몇 안 남은 농가이지만 오래 전부터 임차해 윤작 및 유기물 시용 등 비교적 계획적으로 재배 토양을 관리하며 농업에 종사하고 있다. 비교적 젊은 세대로서 정보 습득이 빠르고 개방적인 사고방식과 오랜 농사 경험으로 인한 전문 지식을 활용해 농업기계나 시설은 거의 손수 수리해서 사용할 수 있는 능력을 갖추었다. 고품질의 상추를 연중 출하하는 작형을 정착시켜 상추 전문 농가로서 입지를 굳혀가고 있는 신지식 농가라 할 수 있다.

근대, 아욱, 치커리 등 엽채류가 주 재배 작목이지만 오래 전부터 수서작목반 브랜드로 상추를 가락시장(서울시농수산식품공사)에 출하하는 상추 재배 농가로 상추 재배기술이 뛰어나 도매 시장에서 중도매인들에게 상추 전문 농가로 인정받고 있다.

일찍이 연작에 의한 염류 집적과 기지 현상 등의 문제점을 극복하기 위해 토양 정밀검정에 의한 유기물 시용, 볏짚 투입, 윤작 등을 실천해나가고 있지만 기본적으로 경작지가 수서 배수지 인접 토양이라 매년 폭우 시에는 일부 시설토양이 상습 침수가 되고 지하수위가 높아 각종 곰팡이병의 출현이 잦은 편이다. 바람이 비교적 강한 지역으로 부직포가 바람에 날리는 일이 자주 있으나 기존 부직포 고정침을 직접 농장 환경에 맞게 제작해 사용할 만큼 발생되는 사소한 문제점을 적극적으로 해결하고 있다. 농기계는 시설농업에 필요한 트랙터, 방제기, 모터, 경운기 등을 보유하고 있다. 단동형 비닐하우스로서 난방시설은 설치하지 않은 생력화형 서울지역 적응형 단동형 수막하우스 시설만 보유하고 있다

다음은 이 농가의 상추 재배 기술 및 경영 기법에 대해 알아보기로 하겠다. 연간 시설상추 생산량은 6동(6m×90m/동) 984평 재배 면적으로 약 7만 3,440kg이고 상추 조수입 소득은 1억 5,660만 원 정도이다.

재배 작형은 1작기가 전년도 8월 20일 파종해 9월 20일 정식하고 10월 10일에서 익년도 6월까지 수확한다. 2작기는 5월 20일 파종해 6월 15일 정식 7월 초~8월 말까지 수확을 완료한다. 1년에 2번 파종 정식하는 2기 작형으로 거의 연중 생산하는 재배 작형을 정착시키고 있다. 작기별 생산량과 수입 금액은 1작기 135박스(4kg/박스)/회×6동×20회 수확, 수입 금액(평균 7,000원/회)은 1억 1,340만 원, 2작기 2작기 45박스(4kg/박스)/회×6동×8회 수확, 수입 금액(평균 2만 원/회)은 4,320만 원 정도이다.

품종은 계절과 연작 상황에 따라 달리하는데 겨울 재배는 대농(청치마), 여름 재배는 권농(탑그린)을 주로 재배하며 또한 윤작을 기본으로 재배를 하지만 불가피

하게 연작을 할 경우 자신이 세밀하게 관찰하고 재배 경험을 토대로 토양 적응성이 강하며 연작에 민감도가 둔해 재배가 용이한 청상추, 적축면, 대적 또는 북적 순으로 품종을 선택 재배한다. 서울의 시설채소 농가들의 시설 수준은 보통 수준보다 열악한 편이다. 가온을 통해 재배하는 농가는 거의 전무한 편인데, 80% 이상이 임차농이다 보니 시설투자를 할 수 없고 장기적인 영농 계획을 세울 수 없는 단점이 있기 때문이다. 이러한 단점을 시설채소 농가들은 재배 기술을 통해 극복하고 있다. 하우스 시설은 폭 5.7m, 측고 1.3m, 파이프 간격 70~80cm, 길이 80~120m으로 단동형 하우스다. 난방 시설은 없지만 2중 수막시설과 보온터널로 겨울에 내부 온도 10~12℃를 유지할 수 있는 수막보온시설을 갖추고 있다. 환기는 측창수동권취기와 환풍기에 의한 환기를 실시하고 피복 비닐은 겉비닐과 이중비닐 모두 2년 이내만 사용한다.

(그림 8-10)측창 및 환풍기를 이용한 환기   **(그림 8-11) 부직포를 이용한 멀칭 재배**

관수시설은 자동펌프를 이용해 분수호스 2열 관수를 실시한다. 모종은 플러그 상자를 이용한 자가육묘하며 특별히 뿌리 발육이 양호하도록 칼슘제를 관비해 정식 후 빠른 토양 활착으로 수확 시기를 단축한다. 시설 내 멀칭으로 재배하고 계절별 멀칭 자재를 달리해 이용한다. 겨울철에는 흑색 비닐 멀칭보다 토양 온도를 보다 더 높일 수 있는 녹색 비닐 멀칭을 사용한다. 수막 재배로 다습한 환경 조건과 토양에서 올라오는 습도를 비닐 멀칭이 막아 노균병, 균핵병 등의 병 발생을 최소화하는 장점이 있으므로 반드시 겨울에는 비닐 멀칭을 이용해야 한다. 여름철에 녹색 부직포를 이용하는 것은, 지면 온도 상승을 억제해서 상추 잎이 마르는 피해를 경감하고 관수 작업이 용이하기 때문이다.

(그림 8-12) 분수호스 2열 관수시설

(그림 8-13) 지하수 이용 모터펌프시설

정식 후 활착 기간 동안 차광막 설치로 활착률을 높이며, 특히 여름철 온도 및 광 관리를 위해 차광망(차광률 55%)을 이용한다. 2기작을 시작해 3번째 수확하는 시기까지 기온이 30℃ 이상 오르면 오전 11시~오후 3시까지 차광망(차광률 55%)을 덮고 다시 치는 노력을 해야 한다. 물주기는 오후 8~9시에 실시해서 한낮의 뜨거운 지열로 인해 뿌리가 관수에 의해 상하는 것을 방지하며, 물주기 시기도 아침에 상추 잎에서 스며 나온 수분의 양을 보고 결정한다.

(그림 8-14) 상추의 여름 차광망 재배

(그림 8-15) 상추의 모종 육묘

가격 변동에 대응하고 홍수 출하에 따른 가격 하락의 위험에 대비하는 방법으로 이 농가는 연중 주년 생산을 해 항상 가격 상승기에 판매할 수 있도록 준비한다.

병해충 방제는 농약 안전 사용 기준을 철저히 준수하며 주기적으로 병해충 예방과 방제를 한다. 상추 재배에 발생되는 주요 병해충의 종류와 방제법을 살펴보면 진딧물과 총채벌레 방제는 저독성 살충제(에이팜, 코니도 등)를, 노균병과 균핵병에는 살균제(포룸, 베노밀 등)를 사용한다. 매 수확기마다 수확 후에는 추비 및 관주를 실시하고 생육 상태에 따라 관주와 유기질 비료 추비, 엽면시비를 실시한다.

밑거름은 유비정, 부산물 퇴비를 시용하며 복합 비료는 사용하지 않는다. 생육 중 웃거름으로는 각종 제4종 복비(두 배로 타이포, 북살 등)와 미생물 제제를 수확 후 주기적으로 관수한다.

경영 관리를 살펴보면 스마트폰을 이용해 가격 정보와 인근에 위치한 가락시장의 출하 물량과 경매시세 등을 파악해 경매 가격 하락과 가격 상승 주기를 분석하고 적절하게 물건을 판매해서 경락가의 최상 가격으로 대부분 출하하고 있다. 아울러 농산물 생산에 투입되는 인건비 절감을 위한 방안으로 평당 수확량 증대에 노력하고, 수서작목반 브랜드로 출하해서 경매인에게 우수한 품질로서의 이미지를 심어주기 위해 상추를 수확할 때 선별 및 포장 작업에 대해 철저한 상품 관리를 한다.

이 농가의 장점을 요약하면 계절 및 재배 환경에 적합한 품종 선택과, 세심한 관찰과 얻어진 자신만의 상추 재배기술 축적과 활용으로 고품질 상추를 재배하고 브랜드 상추 출하에 따른 철저한 상품 관리로 상추 경매 시 최상한가를 지속적으로 유지한다.

나. 최재일 씨 농가

강동구 고덕동에 거주하며 고덕작목반원 중 가장 젊은 농업인이나 재배 경력은 20년 이상으로 상당히 젊은 나이에 농업에 뛰어 들었다. 농업에 종사한 이유는 1995년도 서울에 몰아친 태풍으로 농업에 종사하고 계시는 부모님의 하우스 복구 일손을 도운 것이 농업에 뛰어들게 된 계기가 되었다. 처음 농사를 시작했을 때 몇 년 동안은 너무 힘들어서 눈물까지 흘릴 정도로 고되었다고 한다. 경지 면적은 3,000평이며 임차농이다. 시설은 단동 비닐하우스 16동을 경작하는 서울에서는 비교적 큰 규모의 농업인이다.

재배 농가의 경력과 경작지를 살펴보면, 1996년도 21세의 어린 나이에 농업에 종사를 시작했으며 주로 얼갈이, 열무 등의 작목을 인근 마트나 지역 상인 등에 직거래 방법으로 판매했다. 그러나 판매 저하와 판로 확보에 어려움을 겪어서

2002~2003년부터 가락시장(서울시농수산식품공사)으로 농산물 판로를 변경하게 되었고, 쌈 채소의 수요 증대와 도매 시장 판로에 적합한 양채류로 작목도 바꾸게 되었다. 작목이 양채류로 바뀌면서 처음에는 생소한 병해충 발생과 방제에 어려움이 있었으나 차츰 자리를 잡아 가락시장에서도 좋은 가격으로 물건을 판매할 수 있었다. 항상 남과 다른 차별화로 경쟁력이 있어야 한다는 생각으로 친환경 농업에 관심을 갖기 시작해 3여 년의 친환경 재배 시험 재배 기간을 거쳐 2008년 친환경인증 농산물 농가가 되었다. 그러나 친환경인증 농산물을 도매 시장에 출하했으나 친환경 농산물 생산에 투입한 노력이나 비용에 비해 수입은 좋지 않았다. 농산물 품질에 대해 자신은 있었지만 농산물의 판매 가격이 일방적이고 가격 등락의 폭이 커서 좀처럼 가격을 예상할 수 없었기 때문에 안정적인 판로 개척에 관심을 가지게 되었다. 친환경으로 재배된 지역 농산물을 이동 거리와 탄소배출량을 줄여서 가장 신선한 상태로 도시 소비자에게 공급하는 쌈 채소 판매에 대한 가능성과 또 다년간의 직거래 경험으로 인한 자신감으로 충분히 경쟁력이 있는 사업이라고 확신하고 안전한 먹을거리 공급이라는 목적을 추구하며 영업 활동을 수행할 수 있는 사회적 기업 설립에 눈을 돌리게 되었다. 이를 위해 희망제작소에서 10주간의 사회적 기업 아카데미 교육을 받고 인근에서 농업에 종사하고 있는 네 명과 함께 2011년 11월 서울시 최초의 친환경 로컬푸드 마켓 '강동도시농부'(www.gdcityfarmer.co.kr)를 상호로 한 사회적 기업 매장을 열었다. 매장에서는 로컬푸드로 30여 품종의 농·축산물을 판매하며 강동구 어린이집 식자재 납품(30개소), 월 2회 품목 10종류를 회원에게 배달하는 꾸러미사업(회원 수 60명), 강동구청장의 아이디어로 강동구청 직원식당 내에 지역 농산물 판매 촉진을 위해 매월 2, 4주 화요일마다 '쌈데이' 이벤트 행사 등에 납품하는 등 다양한 판로를 확보한 결과 2012년 하반기부터는 흑자로 돌아설 수 있었고 혁신형 사회적 기업으로 선정(2012년 11월)되는 쾌거를 올리기도 했다.

(그림 8-16) 강동구청 직원식당의 '쌈데이' 이벤트

(그림 8-17) 강동도시농부 매장 내부

(그림 8-18) 강동도시농부 매장

꾸준한 로컬푸드 판매 홍보 결과, 대형 유통회사의 납품 제의를 받고 있으며 이 중 가장 조건이 좋은 신세계백화점으로부터 납품 제의를 받아들였다. 신세계백화점 납품은 새벽직송으로 당일 수확한 농산물을 2시간 이내 백화점에서 판매하는 방식으로 현재 강남점, 명동점, 청담동 SSG 3개소에 중간상인 없이 직거래로 납품되고 있다. 납품 방법 또한 영업점에서 직접 가지고 가는 방식으로 매일 쌈 채소류(4~5품목으로 상추, 로메인, 치커리, 적근대 등)를 농가에서 당일 납품 품목을 결정해 쌈 채소 15박스(2kg/박스)를 납품하는 농가에 절대적으로 유리한 판매가 이루어지고 있다. 매출 또한 신세계백화점 지역 지점 파머스마켓 이벤트 기획행사 시에는 월 1,000만 원, 평균 500만 원의 매출이 이루어지고 있을뿐 아니라 대형 유통회사 및 대기업 직원식당 운영에 필요한 지역 농산물의 납품 제의 러브콜이 꾸준히 이어지고 있어서 농가에서 납품 조건이 유리한 업체를 선별하고 있을 정도이다. 비록 소량 납품으로 번거로움이 있을 것 같지만, 가락시장 등에 판매할 때에는 판매가의 등락 변동이 너무 커서 계획적인 지출에 대한 어려운 것보다 직거래 형식의 납품으로 소득의 안전성이 확보되어 체감하는 소득 정도는 훨씬 크다고 한다.

(그림 8-19) 신세계백화점 쌈 채소 판매 부스 (그림 8-20) 신세계백화점 파머스마켓 행사

이 농가는 강동도시농부(사회적기업) 매장 운영과 다양한 작목의 납품을 위해 비타민, 적근대, 로메인, 셀러리, 뉴그린 등 다양한 쌈 채소를 재배하고 있으나 가장 기본이 되는 상추는 연중 주요 납품 1순위 품목이다. 모든 납품되는 쌈채류는 개인 브랜드보다는 강동도시농부 브랜드로 판매되는 조건으로 납품해 지역에서 생산되는 로컬푸드 이미지를 강력하게 굳히고 있다.

(그림 8-21) 지하수 이용 수막 재배 시설 (그림 8-22) 상추 모종 정식

이 농가는 보유시설 3,000평에 연중 재배되는 엽채류로 인해 염류 집적과 연작 장해의 기술적 극복이 가장 큰 고민이다. 이를 위해 토양 정밀 검정에 의한 객토, 적치커리, 비타민, 겨자채 등의 돌려짓기와, 팽연왕겨와 같은 유기물 시비, 유용미생물 활용, 친환경 제제(토양 개량제) 투입 등을 통해 극복하기 위한 노력을 하고 있다. 친환경인증 농가로 친환경 제제는 자가 제조보다는 제조품을 주로 사용하는데, 이는 농업기술센터와 강동구청에서 친환경 방제제의 지원으로 경제적으로 농가의 부담을 덜어주어 친환경 제품 사용을 보다 더 선호하게 된 요인이 된다. 다양한 쌈채류의 납품 물량에 비해 상대적으로 작은 농지 면적을 최대한 활용해서 고

품질 쌈 채소류를 생산하기 위해 병해충 관리에 많은 노력을 기울이고 있으며, 철저한 토양 관리로 작물 생육이 건전하고 항상 사전에 정기적으로 병해충 방제를 기본으로 하고 있다. 전년도에 사용한 비닐 멀칭에 보관 중 발생한 곰팡으로 인해 병균 발생 우려와 멀칭에 드는 노동력 절감, 수확 시기의 단축을 위해 상추 생육 시기가 짧은 여름철에는 비멀칭 재배를 주로 하고 겨울철에만 흑색 비닐 멀칭을 이용하고 있다. 농기계는 시설농업에 필요한 트랙터, 방제기, 모터, 경운기 등을 보유하고 있고 단동형 비닐하우스로서 난방시설은 설치하지 않은 생력화형 서울 지역 적응형 단동형 수막 하우스 시설만 보유하고 있다

다음은 이 농가의 상추 재배 기술 및 경영 기법에 대해 알아보기로 하겠다. 상추 재배 면적 8동 1,200평으로 연간 약 1만 5,200kg이고, 상추 조수입은 7,900만 원 정도이다.

재배 작형은 1작기가 전년도 9월 초 파종해 30일 육묘 후 10월 초 정식하고 10월 말부터 익년도 3월 말까지 수확하며, 2작기는 3월 초 파종해 40일 육묘 후 4월 10일 정식하고 5월 10일~7월 말까지 수확을 완료한다. 3작기는 5월 10일 파종해 6월 3일 모종 정식하고 6월 20일~7월 30일까지 수확한다. 4작기는 6월 20일 파종해 7월 10일경 정식하고 8월 말 수확을 완료한다. 1년에 4번 파종 정식하는 4기 작형이라 할 수 있으며 거의 연중 생산하는 재배 작형을 정착시키고 있다. 작기별 생산량과 납품 가격은 10a당 1작기 2,400박스(4kg/박스) 계약 금액 2만 원, 2작기 700박스(4kg/박스) 계약 금액 2만 원, 3작기 400박스(4kg/박스) 계약 금액 2만 원, 4작기 300박스(4kg/박스) 계약 금액 3만 원으로 도매 시장에 출하하는 것보다 평균 2~3배 높은 가격으로 판매하고 있다.

시설의 자동화 수준은 임차농으로서 장기적인 시설 투자를 할 수 없고 보급형 표준하우스 규격(폭 5.2m, 측고 1.3m, 파이프 간격 70~80cm, 길이 80~120m)으로 단동형 하우스이다. 난방시설은 없지만 2중 수막시설과 보온터널로 겨울에 영하(10~13℃)의 온도에서도 재배 가능한 수막보온시설을 갖추고 있다. 환기는 측창 수동권취기에 의한 환기를 실시하고 피복 비닐은 겉비닐이 2년, 이중비닐은 2년 이내만 사용한다. 관수시설은 자동펌프를 이용해 분수호스 2열 관수를 실시한다. 품종은 썬파워(흥농)를 주로 재배한다.

모종은 전용 육묘 하우스 노지에 직파 후 육묘해 정식한다. 시설 내 멀칭으로 재배

하며 주로 유공 흑색 비닐을 많이 사용한다. 정식 후 활착 기간 동안 차광막 설치로 활착률을 높이고, 대형 유통 매장과 어린이집 납품 등으로 연중 주년 생산을 하기 위해 4작기 파종을 하며 연작 장해를 피하기 위해 시설 동별로 돌아가며 재배한다. 계약 납품을 하기 때문에 가격 변동과 홍수 출하에 따른 가격 하락의 위험이 없으므로 다양한 품목과 고품질 농산물 생산에만 전념해 재배한다.

친환경 농산물 인증 농가이므로 병해충 방제는 철저히 농촌진흥청 친환경목록공시제품을 사용해 주기적으로 병해충 예방과 방제를 하며, 매 수확기마다 수확 후에는 추비 및 관주를 실시하고 생육 상태에 따라 엽면시비를 실시한다. 밑거름은 유박 비료 15포(20kg/150평), 휴믹산 1포(15kg/150평), 규산입제 1포(3kg/150평), 팽연왕겨(750L/150평), 미생물 제제 등을 사용하고 있다.

경영 관리를 살펴보면 연간 안정적인 납품 계약에 의한 연간 예상 수익과 소요 자금이 산출 가능해 자금운용 계획을 수립하고, 대규모로 사용하는 재료인 유기질 비료, 퇴비, 포장 박스는 농협과 구청의 지원을 받아 공동 구매한다. 포장 박스는 4kg 규격 비닐포장으로 작목 단위로 지역농협과 시비 지원을 받기 때문에 동일한 규격을 사용하면서 세부적인 표시사항은 농가별로 별도 인쇄한 포장지를 사용하지만 강동도시농부(친환경 로컬푸드 마켓) 농산물을 홍보 및 강조하기 위해 강동도시농부 브랜드 포장지를 제작해 사용 계획 중에 있다.

이 농가의 장점을 요약하면 품종 선택 시 지역 및 농장 환경에 가장 적합한 상추 품종인 썬파워(흥농) 포기찹상추를 선택해 재배에 집중하고 있고, 농가 사정에 맞는 파종 및 육묘 방법의 선택, 경지 면적을 최대한 활용하며 농장 상황에 맞는 노동력 절감 방식의 선택(여름철 비멀칭 재배) 등으로 전력을 집중하고 있다. 상추 수확 시 최상품만을 선별 납품해 신뢰를 구축하고, 최근 서울 지역 로컬푸드의 수요 증대로 지역 농산물을 공급할 수 있는 최적 농가 홍보로 다양한 거래처 확보 노력 등 판로 개척에 만전을 기하고 있다. 정밀토양 검정에 의한 토양 관리, 재배 관리 등 재배기술과 지도 기관의 교육 및 현지 컨설팅 등 농업기술센터를 최대한 활용하고 있다. 친환경 농산물의 판로 확대와 행정 정책 지원, 농자재 구매 지원은 지역구청과 농협을 적극 활용해 문제 해결로 인한 시간과 노력 절감으로 다양한 고품질의 쌈채소 생산에 전념한 결과 10a당 1,975만 원의 높은 조수입을 달성할 수 있었다.

경기도

가. 경기도 남양주 이순영 씨 농가

이순영 씨는 30여 년째 상추 농사를 짓고 있는데, 유기농인증을 받아 쌈용 채소를 전문적으로 재배해서 고소득을 올리는 농가이다. 이순영 씨는 아내와 함께 농사를 짓고 상추 재배에 대해서는 아내가 더 전문가이다.

비닐하우스 면적은 1.2ha 규모로 자동화 하우스가 0.3ha, 수막하우스가 0.9ha로 구성되어 있다. 재배 작물은 상추가 0.5ha, 신선초 0.1ha, 일당귀 0.1ha, 신선초 0.1ha, 겨자류 0.1ha, 곰취 0.1ha 등을 재배해 모둠 쌈 채소를 전문으로 경영하고 있다.

이들 품목은 국립농산물품질관리원으로부터 2002년 유기농인증을 받아서 재배해 (주)한사랑을 통해 LG마트에 납품하며 일부는 모둠쌈 전문식당에 출하하고, 일부는 모둠쌈 선물용 세트로 직판되기도 한다.

【상추 재배】

처음 시설채소 농사를 시작할 때에는 상추를 비롯한 쌈용 채소 재배를 하지 않았다. 처음에는 다른 사람들처럼 토마토, 오이, 호박, 상추, 열무 등 다양한 채소를 재배했었다. 그렇게 재배하다 보니 노동력이 여러 곳으로 분산되어 힘이 많이 드는 반면 생산성과 전문성이 크게 떨어지고 고품질의 채소를 생산하기도 힘들었다. 그때까지 출하처는 가락시장에 의존해 좋은 가격을 받지도 못했다. 이후 2000년에 무농약인증을 상추 재배에서 받으면서 가격을 차별화할 있었고, 2002년도에 유기농 재배인증을 받으면서 유기농산물 전문유통업체인 (주)한사랑을 통해 LG마트에 납품하면서 가락시장의 경락 가격과는 상관없이 독자적인 단가 계약으로 소득의 안정화를 도모했다.

상추의 품종 선택은 적색 발현이 우수해 엽색이 짙고 잎이 두꺼워 무게가 많이 나가는 선풍포찹적축면(권농종묘)과 고온기에 잎이 두껍고 적색이 진하며 추대가 늦는 미풍포찹적축면(권농종묘)을 주로 재배한다. 상추의 연중 생산을 위한 작형은 아래 표에 나타나 있다.

〈표 8-9〉 상추 재배 작형

구 분	1월	2	3	4	5	6	7	8	9	10	11	12
봄 재배		○	…▲	══	══	══						
여름 재배				○	…▲	══	══	══				
가을 재배							○	…▲	══	══		
겨울 재배	══	══	══							○	…▲	══

(범례 : ○ 파종, … 육묘, ▲ 정식, ══ 본포 관리 및 수확)

모둠 쌈 채소에서 상추의 비중은 60% 정도인데, 상추 이외의 품목은 신선초, 일당귀, 적겨자, 청겨자, 곰취, 쌈추, 케일, 모시대 등 다양한 품목으로 모둠 쌈 채소의 구색을 갖추어 소비자 요구에 대응하고 있다.

유기농상추 재배에서 가장 큰 애로사항은 질소질 비료 공급원 문제이다. 보통 유박을 밑거름으로 주고 있지만, 생육 중반부터 질소질 비절 현상이 나타나며 웃거름으로 줄 비료가 마땅치 않다. 최근 질소질 비료 함유량이 많은 혼합유기질 비료 올투원(BIG, N 13-P 3-K 6- Ca 2)으로 물 비료를 만들어 시비해 웃거름을 주는 애로를 해결했다.

(그림 8-23) 창조민속산채농원　　　　**(그림 8-24) 상추 재배**　　　　**(그림 8-25) 쌈 채소 재배**

병해충 방제에서는 친환경 해충 방제약 선초(仙草)와 진삼이플러스, 응삼이 등으로 방제를 했다. 연작 피해를 막기 위해서 국화과 작물과 배추과 작물 또는 기타 작물들을 돌려짓기하며 키틴질 비료를 시비했다.

농장 브랜드는 '민속모둠쌈'과 '민속산채' 등을 사용하며 상추의 잎 크기를 균일하게 키워서 수확해 포장하는 것이 품질의 척도가 된다. 모둠쌈의 경우에도 울긋불긋한 색상을 조합해 포장을 개봉했을 때 눈으로 먹음직스럽게 담아내어야 한다. 포장은 2kg 포장 용기를 사용하며 선물용은 1kg으로 포장한다.

1일 출하량은 80~120상자가량인데, 전체 물량의 70%는 (주)한사랑 유기농산물 전문업체를 통해 LG마트에 출하하고 20%는 모둠쌈밥집에 직판하며 나머지 10%는 선물용으로 판매되고 있다.

강원도

강원도는 고랭 지역의 기후적 장점을 활용한 무, 배추 재배가 채소 재배 면적의 50%를 이루고 있다. 상추는 새로운 여름철 고소득 작목을 요구하는 농가에 의해 재배되며 매년 200ha 정도를 유지하고 있다. 주 재배 지역은 고랭지인 홍천을 비롯해 원주, 강릉, 평창 등으로 단경기를 이용하는 경우가 많고 주년 재배를 위해 평야지에서 재배한 후 여름철(7~9월)에만 고랭지역에서 많이 재배한다. 주 재배 형태는 노지 재배가 65%를 차지하고 선호하는 상추 품종은 적축면 계통으로, 일부에서는 적치마, 청치마 등을 재배한다. 청치마는 주로 동해안의 횟집에서 소비된다. 강원도 내에는 상추를 단일품목으로 결성된 작목반은 없으며 상추 재배 농가도 상추 단일품목보다는 쌈 채소류와 함께 재배해 백화점이나 유통업체에 납품하는 형태로 이루어지고 있다.

가. 김태욱 씨 농가

강원도 내 상추 주 재배 지역인 홍천군 내면은 표고 630m 정도로 고랭지 기후를 이용한 채소 재배가 많이 이루어지는 지역이다. 김태욱 씨 농가는 상추와 함께 15종의 쌈 채소를 함께 재배하는 전문시설 전업 농가이다.

시설 재배 면적은 약 4만m²으로, 이 중 상추의 재배 면적은 2만 9,000m²이며 나머지 면적은 쌈채류를 재배하고 있다. 단동 및 연동 하우스(4만m²), 육묘 하우스(500m², 1동), 저온 저장고(3.3m², 5동)를 가지고 있고 육묘와 수확 후 관리를 일괄 운영하며 수확 후에는 저온 유통으로 품질 관리를 하고 있다. 주요 재배 품종은 적축면(선풍), 로메인상추, 기타 쌈채류(15종)를 친환경인증을 받아 유기 재배를 하고 있다. 상추의 주년 재배를 위해 3월 말부터 8월 중순까지 파종을 하며 수확은 11월 초순까지 해 출하하고 있다. 파종은 육묘시설에서 200공 플러그 트레이에 육묘 전용 상토를 사용하고 버미큘라이트로 복토한다. 육묘 기간은 약 20~25일간으로 본엽이 4~5장이 되면 정식한다. 미스트식 스프링클러를 이용해 1일 1회 기준으로 관수하고 묘의 상태와 기상 변화에 따라 횟수를 조절한다. 육묘는 최저 15℃, 최고 25℃가 되도록 유지하며 정식 전에 묘의 경화를 위해 2~3일 전부터 관수를 중단한다.

하우스 내 토양 검정은 연 1회 실시하며, 토양 개량제로는 수피와 유박을 혼합해 10a당 5M/T을 밑거름으로 매년 시용한다. 재배 형태는 7m의 하우스 폭에 2이랑으로 백색 유공 비닐로 멀칭한 후 정식하며 정식 주수는 10a당 2만 4,000주를 식재하고 있다. 작기가 계속 연결되기 때문에 생육 중에는 추비를 하지 않고 작기가 끝날 때 유박 종류의 퇴비를 한 번 더 시용하고 있다. 관수는 미스트식 스프링클러를 이용하며 병해충 방제는 친환경 약제를 일부 사용하고 있다.

수확 후 출하하는 백화점 및 친환경 유통업체와 계약해서 생산량의 전량을 공급하고 있다. 출하에 사용하는 골판지 박스 규격은 2kg 및 4kg이다.

생산량은 4kg×200박스=800kg/330㎡로, 조수익은 1만 5,000원×1만 8,000박스 =1,620만 원 정도이다. 재배 농가는 상추와 쌈 채소류도 함께 출하해 엽채류별 품목 조절을 하고 백화점 및 친환경 유통업체에 전량 계약 납품으로 안정적인 수익성이 나오는 형태로 운영하고 있어 틈새시장을 백분 활용하는 농가라 할 수 있었다.

충청북도

가. 김진환 씨 농가

김진환 씨 농가는 충청북도 충주시 칠금동에서 중원작목반 소속으로 영농 규모 80a에서 잎상추를 10여 년 경작하는데, 주로 적축면상추를 재배하고 일부 청축면 상추를 재배해 연 3기작 재배 시 10a당 1,300만 원의 조수익을 거두고 있다.

김진환 씨 농가의 재배상 특이점으로는 정식 전 퇴비로 완숙된 채종박과 가축분을 10a당 3,000kg/3기작 분할 살포해 지력을 높이고 육묘는 자가 육묘를 하며 종자 파종기를 이용한 코팅된 종자를 이용해 트레이에 파종을 실시함으로써 노력이 절감되었다. 발아가 균일해 육묘 효율을 높이고 있고 연중 3기작 재배를 해 겨울철에는 수막을 이용해서 상추를 재배함으로써 난방비 절감에 의한 경영 효율을 높이고 있다. 추비는 키토산, 골분, 어분 등을 미생물 발생기로 자가 제조해 사용하며 무농약 재배를 실시하고 있다.

재배 기간 중 관수는 스프링클러를 이용하거나, 분수호스를 공중에 설치해 분사시킴으로써 고온기에 온도 상승을 억제하는 효과를 가져온다. 출하는 작목반을 이용한 공동 출하를 하고 가락시장 및 수원물류센터, 청주, 원주, 대구 등 판매처를 다양화하고 있다.

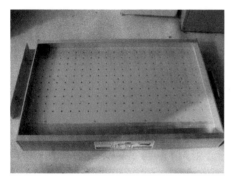

(그림 8-26) 상추 파종기

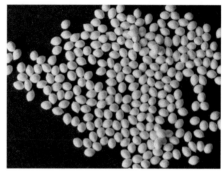

(그림 8-27) 상추의 코팅 종자

나. 채금도 씨 농가

채금도 씨 농가는 충청북도 제천시 덕산면 용암 양채작목반 소속으로 영농 규모 90a에서 결구상추를 15년간 경작하며, 연 2기작 재배를 통해 10a당 250만 원의 조수익을 거두고 있다.

채금도 씨 농가의 재배상 특이점으로는 정식 전 퇴비로 10a당 완숙 된 우분 2,000kg과 유기질 비료 200kg을 균일하게 살포해 재배하고 봄 재배와 가을 재배 등 연 2기작 재배를 한다. 육묘는 봄 재배 시 냉상을 이용한 자가 육묘를 실시하고, 가을 재배 시에는 육묘를 할 때 고온에 의한 발아 불량 및 도장의 염려가 있어서 대관령 육묘장에서 구입해 사용한다.

수확 시 완전 결구된 상추를 수확할 경우 수확 및 출하 과정에서 훼손의 경우가 발생해서 결구가 80% 정도 이루어지면 수확한다. 자가 저온 저장고를 갖추고 있어서 양채류 수확 후 일정 기간 출하기를 조절하고 있으며 출하 시 작목반을 이용한 가락시장에 공동 출하를 하고 있다. 집중 출하에 의한 가격 하락을 방지하기 위해 출하량을 조절하고 있다.

(그림 8-28) 가을 결구상추의 수확기(제천)

(그림 8-29) 수확기가 지난 결구상추

충청남도

충청남도 상추 재배는 16개 시·군에서 넓은 면적은 아니지만 시·군별로 적게는 10ha로부터 50ha 정도의 재배 면적을 가지고 고르게 분포되어 재배되고 있다. 충청남도 엽채류 재배 중 상추가 재배되고 있는 면적은 295.1ha로 12%가 재배되고 있으며 이 중 시설 재배 면적은 157.4ha로 17.8%를 점유하고 있다. 노지 재배 면적은 137ha(2006년)로 8.7%로 노지 재배보다 시설 재배 면적이 넓다.

〈표 8-10〉 충청남도 상추 재배 면적(2006)

구분	엽채류	상추	대비(%)
합계(ha)	2,463.2	295.1	12.0
시설 재배(ha)	882.6	157.4	17.8
노지 재배(ha)	1,580.6	137.7	8.7

주요 상추 재배 면적을 시·군별로 보면 노지 재배의 경우 재배 면적이 시·군별로 고르게 분포되어 있으며, 그중 공주가 23.2ha로 가장 많았고 10a당 생산량도

2,400kg으로 노지 재배 평균 단수 1,844보다 현저히 높았다.

시설 재배 상추는 서산, 논산, 계룡, 논산, 예산에서 주로 재배되고 있지만 이 중 50% 이상이 논산과 계룡에서 시행되고 있다. 특히 논산은 50.3ha로 시설 재배 면적의 약 30%를 차지하고 있고 생산량도 4,200kg/10a으로 시설 재배 평균 단수 2,777kg을 크게 웃도는 생산량을 보이고 있어서 논산이 충청남도 상추 생산의 중심이 되고 있음을 알 수 있다.

계룡시도 상추 재배 면적이 34.4ha로 작목반 중심으로 주변 지역인 대전, 청주 등을 겨냥한 재배로 고수익을 올리고 있는 지역 중 하나이다. 생산량으로 볼 때 시설 재배 상추는 논산, 계룡에서 생산되는 것이 시설상추의 75% 정도를 점유하고 있어서 충청남도 상추 가격 및 생산량의 대부분을 차지하고 있는 실정이다.

〈표 8-11〉 상추 재배 주요 시·군별 현황(2006)

구분	지역	면적(ha)	단수(kg/10a)	생산량(톤)
합계(ha)	16개 시·군	295.1	2,537	7,487
노지 재배(ha)	합계	137.7	1,844	2,540
	공주	23.2	2,400	556.8
	서산	15.4	1,953	300.7
	부여	15.6	1,530	238.7
	서천	10.9	1,992	217.1
	예산	16.3	1,832	298.6
	기타	56.3	1,785	958.1
시설 재배(ha)	합계	157.4	2,777	4,947
	서산	9.5	2,279	216
	논산	50.3	4,200	2,113
	계룡	34.4	3,500	1,204
	홍성	11.9	2,500	298
	예산	28.0	1,946	545
	기타	23.3	2,450	571

충청남도 지역의 재배 작형은 주로 연중 재배가 이루어지고 있으며 주 작형은 여름 재배와 겨울 재배이다.

여름 재배는 6월 상순에서 중순에 파종해 정식을 6월 하순에서 7월 상순까지 정식해 7월 하순에서 9월 중순까지 수확한다. 겨울 재배는 9월 하순에서 10월 상순에 파종해 10월 중순에서 하순에 정식해 수확은 11월 하순에서 이듬해 5월까지 재배하는 작형으로 이루어지고 있다.

충청남도의 상추 생산은 주로 주변 지역 시장을 겨냥한 지역별 소비 중심 생산이고 일부는 대전, 서울, 구리, 인천 등지로 판매되고 있다. 지역 중심 소비에는 주변 소비처의 직거래 형식으로 주문을 받아 판매하는 형태가 많은 편이다.

작목반은 논산, 계룡 지역을 제외하고는 작목반 활동이 미미하며, 상추뿐 아니라 쌈 채소류를 함께 생산해 소비자에게 직거래하는 방식이나 농협을 통해 판매하는 농장단위의 판매가 주를 이루고 있다.

주요 작목반은 논산에서 성동상추작목반, 양반꽃상추작목반 등 9개, 계룡에서는 6개 작목반과 1개 연합회로 구성되어 있으며 이 중 무농약인증 재배 농가도 7곳이나 된다.

하우스는 주로 단동에서 재배하고 있고 일부는 연동에서 재배하고 있다. 육묘는 파종 상자에 직접 뿌리는 자가 육묘를 주로 하며 정식 묘는 여름에 25일묘, 가을에 30일묘를 사용하고 평당 102주 정도를 정식해 재배하고 있다. 포장은 4kg 골판지 박스를 이용하고 있고, 적축면상추와 청치마상추를 주로 재배하고 있다. 이 밖에 청축면, 적치마상추도 일부 재배되고 있다.

(그림 8-30) 충청남도 지역의 상추 재배 하우스 전경

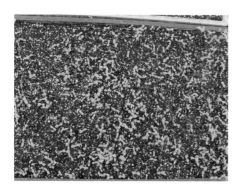

(그림 8-31) 파종 상자에 파종 후 생육 상황

(그림 8-32) 적축면상추 재배 중인 하우스 전경

(그림 8-33) 포장 전 현황 및 출하 포장 박스

상추 재배 작목회별로 가장 활발한 지역은 계룡과 논산으로 계룡에는 금암, 도곡, 엄사작목반이 있고 논산에는 상월면에 2개, 양촌면에 2개, 연산면에 2개, 성동면에 1개 등이 구성되어 있으며 그중 규모가 가장 큰 것은 성동상추작목협의회이다. 양촌면에는 양반꽃상추작목반을 이끄는 김영환 씨가 있다.

가. 김영환 씨 농가

충청남도 논산시 양촌면 임화리 봉황마을에 거주하는 김영환 씨는 논산에 주 작물인 딸기를 20여 년 동안 재배해온 딸기 재배의 베테랑이었다. 딸기를 주 작목으로 하고 상추 등 채소류를 텃밭에 심어 시장에 팔았다. 그런데 이러한 상추가 시장에서 좋은 반응을 얻고 중간 도매상으로부터 계약 재배 건의가 들어와 재배를 해보니 관리와 재배가 편리하고 경영비도 많이 들어가지 않으며 딸기보다도 소득이 높았다. 김영환 씨는 오랫동안 재배해오던 딸기 재배를 과감히 그만둔 후 소득 조건이 좋은 상추를 선택하고 2003년 작목반을 구성해 본격적인 재배에 돌입했다.

양반꽃상추작목반이란 이름으로 작목반의 브랜드 위상을 위해 친환경 농법, 수확 시기와 선별 작업의 엄격한 관리, 이상 제품 발견 시 즉시 교환을 해주고 작목반 규약을 어기는 농가는 탈퇴시키는 등 품질과 이미지 관리에 중점을 두었다. 이 결과 양반꽃상추는 단기간에 시장 우위를 형성하는 가격을 얻을 수 있었다. 현재도 최고의 상추를 만들기 위해 꾸준히 노력 중이다. 주 출하지로는 서울과 인천이다. 이러한 품질 유지와 상위 가격을 받을 수 있는 것은 미생물발효 비료와 천적을 이용한 친환경 농법으로 저농약, 무농약 재배를 하고 있기 때문이다. 수확 시기를 고르게 맞추어 어른 손바닥만 한 크기의 상추를 수확해 균일한 크기의 상추를 생산하는 데 주력하고, 포장 작업에도 노력해 등급별 포장을 철저히 지켜 상추를 운반하는 도중에 흩어지지 않게 내부의 가운데에 S자 판을 끼웠다.

5명으로 구성된 작목반은 현재 26명으로 늘어 17ha로 늘어나 1억 원 이상인 농가가 15명이 넘는 전국 최고의 작목반이 되었다. 짧은 기간 내에 작목반이 가격 우위를 받은 것은 양반꽃상추작목반을 이끄는 김영환 반장의 꾸준한 노력과 철저한 품질 관리, 젊은 사람 중심의 작목반 육성이 성공의 비결이라고 한다.

경상북도

구미시의 상추 재배는 도시가 형성되면서 지산동 주변에 소규모로 재배하기 시작했다. 현재 주 재배 지역은 10여 년 전 무을면 무수와 송삼 지역의 참외 재배 농가가 상추로 전환하면서 작목반이 구성되었고 장천면, 지산동, 양호동 등 재배 면적이 점차 늘고 있는 추세이다.

2012년 조사 기준 구미시 상추 재배 면적은 총 25ha로, 무을의 '금오산무을상추작목반' 농가 20호와 장천의 '시설원예작목반' 11호가 주가 되어 상추 재배를 이끌어 가고 있다.

구미 지역의 주요 재배 작형은 연간 4기작으로, 품종 구성은 봄에는 적축면, 여름에는 청, 흑치마, 겨울엔 안동 적축면 위주로 재배되고 있다. 장기간의 연속 재배로 인한 연작 피해 및 염류 집적 등의 피해가 나타나 윤작과 녹비 작물 재배, 미생물 투여, 토양 소독을 하는 농가가 점차 늘고 있다.

구미시의 주 재배 지역인 무을면에서 작목반장으로 활동 중이며 상추 재배에도 앞장서 선도하고 계신 윤상호 씨 농가의 농법을 대표로 선정했다.

가. 윤상호 씨 농가

요즘 이상기후에 따른 겨울철 한파로 인한 냉해와 여름철에는 폭염으로 인해 시들음, 생육 부진 등 상추 재배에 어려움을 호소하며 걱정하던 윤상호 씨는 15년 전 귀농 후 구미시 선산읍 무을면에 거주하며 상추 재배를 시작해 현재 '금오산무을상추작목반'의 반장을 맡고 있다. 작목반은 15년 전 참외 농사를 짓다 지대가 높아 기온이 낮은 무을면에 호냉성인 상추로 재배 작목을 바꾸면서 형성되어 총 20호(15ha)의 인원으로 운영 중이다.

윤상호 씨 역시 귀농 당시 잠시 참외 농사를 짓다가 상추로 전환하면서 상추 재배를 시작했는데 작형은 봄 재배, 여름 재배로 연간 2기작을 하며 봄 재배는 10월 중순에 파종해 40일 후 10일 간격으로, 봄에는 4~5일 간격으로 수확하며 여름 재배는 6월에 파종해 20일 후부터 9월까지 3~4일 간격으로 수확을 한다. 주요 재배 품종은 적축면, 적치마이며 3년째 '구미별미'라는 브랜드를 사용해 구미농산물도매시장과 대구농산물도매시장으로 출하한다. 200평당 2kg 상자로

1,000~1,500상자를 수확해 연간 7,000만 원 이상의 수익을 올리고 있다.

겨울 재배에 있어서 난방은 터널과 이불로 보온을 하는데, 작목반 일부 반원은 수막을 이용하고 있다. 수막보온법은 여러 시설에서 쓰이고 있지만 무을면의 경우 토양 속 철분이 많아 비닐에 녹슨 물이 묻어 차광의 우려가 있으므로 지하수를 이용하는 수막법은 권장하지 않는다고 한다. 멀칭 비닐도 투광에 유리한 흑·백색 비닐을 사용해 겨울철 토양 온도를 높인다. 한겨울 외엔 제초에 유리한 녹색 멀칭 비닐을 사용한다.

15년간 연작으로 인한 토양의 노후화를 방지하기 위해 밭을 갈기 전 미생물 제제와 석회를 투입하고, 일부 하우스를 갈아줄 때에는 봄에 비닐을 벗겨 여름에 비를 맞게 해 염류를 씻어낸다고 한다.

가끔 저온, 다습한 조건에서 많이 발생하는 노균병이 발생하기는 하지만 환기, 온도 조절 등 환경 조건을 조절함으로써 예방한다고 한다. 이 외엔 뜨거운 여름철에 점무늬병이 발생해 상품 가치를 떨어뜨리지만 큰 병해가 없어서 농약을 칠 일이 거의 없고 소비자들이 좀 더 안전히 상추를 먹을 수 있게 힘쓰고 있다.

귀농 후 농사 시작과 함께 15년간 상추 재배를 해온 윤상호 씨는 꾸준한 토양 관리와 재배 농법을 연구해서 앞으로도 구미시의 상추 재배에 큰 역할을 할 것으로 기대된다.

(그림 8-34) 2kg 포장 박스

(그림 8-35) 상추의 재배시설 하우스

경상남도

경상남도 하동은 경남의 최서부에 위치해 북쪽으로는 지리산을 경계로 산청군과 함양군, 전라북도 남원시와 접하고 있고, 서쪽으로는 섬진강을 사이에 두고 전라남도 광양시와 구례군과 인접해 있고, 동쪽으로는 진주시와 사천시, 남쪽으로는 남해 바다를 경계로 남해군과 접하고 있어서 2개 도와 8개 시·군에 접해 있다.

기상 개황을 보면 봄에는 만주 지방에서 동쪽으로 이동해 오는 온대성 저기압이 발달해 강한 바람이 분다. 여름에는 북태평양 고기압 세력과 오호츠크 해양에 중심을 둔 해양성 한대 고기압 세력으로 인해 장마전선이 형성되어 7~8월에 집중호우를 동반한 태풍이 잦다. 가을에는 맑고 청명한 날씨가 계속되며 겨울에는 북서 계절풍이 발달해 추운 날씨가 계속된다.

기온은 2004년 기준으로 연평균 13.4℃로 최고 극기온 35.5℃, 최저 극기온 -13.4℃를 기록하고 있다. 연평균 강수량은 1,876mm로서 전국 최다우 지역 중 하나이다.

지리산에서 발원해 남해에 이르는 섬진강은 하동 농업의 모태로 일찍부터 농업이 발달해 각종 농작물이 잘 자라는 비옥한 곳으로 상추 재배에 있어서도 적지이다. 상추 재배 농가의 대표적 조직체는 '경남양채영농조합법인'과 '목도작목반'이다. 이 중 대표 농가를 소개하면 경남양채영농조합법인의 강기복 씨와 목도작목반의 강한조 씨이다.

가. 강기복 씨 농가

경상남도 하동군 하동읍 목도리에 거주하며 결구상추의 재배 경력이 20년이다. 상추 재배 총 면적은 1만 1,880㎡이며, 하우스 형태는 단동비닐하우스(100m×6×2.8)이다. 주요 재배 품종은 유레이크, 원트그린, 아시아그린, 텍사스그린 등이다. 현재 기능성양상추작목반을 이끌고 있다. 이 작목반은 2008년 1월에 설립해 회원 수는 56명이며 총 재배 면적은 40ha이다.

작목반 운영은 정기적인 회의 및 농약 안전 사용 교육을 실시하고 회원 상호 간 품종, 재배 정보 교류 및 초청 컨설팅을 실시하고 있다. 지리적인 여건과 기후 조건은 상추 재배에 적합하지만 구성원 거의 대부분이 단동 하우스로 품종 및 재배 기술에 있어 경험과 기술이 부족했다. 신 소득 작물로 농가 소득을 올리고자 하는 열망과 노력의 결집으로 경기도 등 주산단지에 견학하고 상추의 시세를 면밀히 분석한 결과, 가능성을 확인하고 농업기술센터, 농업기술원 및 농협의 지원에 힘입어 사업을 착수했다.

파종은 육묘시설에서 200공 플러그에 하나의 셀에 1립이 파종되도록 했고, 상토는 플러그 전용 상토에 파종한 후 복토는 버뮤클라이트나 육묘용 상토로 복토했다. 복토 후 상추 종자는 작기 때문에 관수할 때 종자가 이탈되지 않도록 했으며 발아할 때까지 25℃ 전후로 관리했다.

육묘는 25~30일간 본엽이 4~5장까지 육묘했으며, 관수는 1일 1회를 기준으로 하되 묘의 상태와 기상 변화에 따라 조절했다. 최저 15℃, 최고 25℃가 되도록 유지하고 정식 전 육묘 환경에 맞게 묘의 경화를 위해 2~3일 전부터 관수 중단 및 오전 10시부터 오후 4시까지 육묘 하우스 밖으로 내놓았다.

정식 전에는 농업기술센터에 의뢰해 토양 산도를 측정해서 석회 사용 여부를 판단했다. 정식 일주일 전에 하우스 포장을 갈고 기비로 완숙퇴비(3톤/10a)를 넣고 N-P-K를 표준시비량에 맞게 살포했다.

정식 전 점적호스를 깔고 0.01mm 흑색 비닐을 멀칭하고 정식 직후 충분히 관수해 활착이 잘 되도록 주의해 관리를 했다. 6m 하우스에 2이랑을 만들었고 1이랑당 8주로 정식해서 8,900주/10a가 되게 했다. 10a당 정식 인력은 8명이 소요되었고 주로 가족 노동력을 활용했다.

본포 관리는 기상 상태와 토양 수분의 건조 및 과습을 주의 깊게 살피며 관수를 조절했다. 결구 후기에 온도가 너무 높지 않도록 관리했다. 무름병, 진딧물의 사전 예방과 방제를 위해 6회 정도 농약을 살포했다.

모든 농산물이 그렇듯이 결구상추도 적기 수확이 가장 중요하다. 결구를 손으로 눌러보아 단단하다고 느껴지면 수확할 수 있으므로 시기를 잘 판단하는 것이 중요했다. 선별 시 병해충의 피해가 없으며 구의 형성이 잘 되고 색택이 좋은 것 중 700g 이상인 포기만으로 선별했다. 포장은 8kg 박스에 12포기가 들어가게 포장해 영농조합의 명칭, 출하자, 품종 및 등급 상·중·하를 표기해 전국 농산물도매시장에 출하 및 소비자 직거래를 했다.

결구상추는 작기가 비교적 짧고 고도의 기술과 노력이 들지 않아도 재배할 수 있으므로 하동 지역에 알맞은 작목이라 생각했다. 재배 작기는 3기작으로 봄 작기는 2월에 파종해 3월에 정식하고 5월에 수확했으며, 여름 작기는 8월에 파종해 9월에 정식하고 10월에 수확했으며, 겨울 작기는 10월에 파종해 그 이듬해 1월에 정식하고 2월에 수확했다. 생산성은 8kg 박스로 600박스였으며, 조수익은 200만 원/10a×3기작=600만 원이었으며, 주로 자가 노력만으로 가능했으므로 고용노력비가 절감되어 전체 경영비도 줄일 수 있었다.

나. 강한조 씨 농가

경상남도 하동군 목도리에 거주하며 결구상추 재배 경력이 15년이다.

상추 재배 면적은 9,900㎡로 하우스 형태는 단동 비닐하우스(100m×6×2.8)이며 주요 재배 품종은 유레이크, 윈트그린, 아시아그린, 텍사스그린 등이다.

목도작목반에서 활동하고 있고, 이 작목반은 1996년에 설립되어 30명의 회원과 12ha의 면적으로 운영되고 있다.

하동군의 지리적 여건과 기후 조건은 상추 재배에 적합하지만 작목반 구성원 거의 대부분이 단동 하우스로 품종 및 재배기술에 있어 경험과 기술이 부족했다.

10여 년 전 적당한 소득 작물을 선택하기 어려워 고심하던 중, 작기가 짧고 자가 노력만으로도 가능한 작목이 결구상추라는 것을 알고 뜻 있는 사람들끼리 작목반을 구성해 주산단지 등을 견학하고 가격 동향을 면밀히 분석해 사업의 타당성을 확인한 후 사업에 착수했다.

재배 작기는 2기작으로 여름 작기는 8월에 파종해 9월에 정식하고 10월에 수확했으며, 겨울 작기는 10월에 파종해 그 이듬해 1월에 정식하고 2월에 수확했다. 토양 염류의 집적을 막고, 토양 소독 효과를 위해 2월 수확 후 후작으로 수박을 심거나 담수해서 토양을 관리했다.

파종은 육묘시설에서 200공 플러그에 하나의 셀에 1립이 파종되도록 했다. 상토는 플러그 전용 상토에 파종한 후 복토는 버뮤클라이트나 육묘용 상토로 했다. 복토 후 상추 종자는 작기 때문에 관수를 할 때 종자가 이탈되지 않도록 하고 발아할 때까지 25℃ 전후로 관리했다.

육묘는 25~30일간 본엽이 4~5장까지 육묘했고, 관수는 1일 1회 기준으로 하되 묘의 상태와 기상 변화에 따라 조절했다. 최저 15℃, 최고 25℃가 되도록 유지했고 정식 전 육묘 환경에 맞게 묘를 관리했다.

정식 일주일 전에 하우스 토양을 갈고 기비로 완숙 퇴비(3톤/10a)를 넣은 후, 농업기술센터의 시비 처방에 따라 비료를 표준시비량에 맞게 살포했다. 정식 전 점적호스를 깔고, 0.01mm 흑색 비닐을 멀칭했다. 정식 직후 충분히 관수해 활착이 잘 되도록 주의하며 관리를 했다. 6m 하우스에 2이랑을 만들고 1이랑 당 8주로 정식해 8,900주/10a가 되게 정식했다.

본포 관리는 기상 상태와 토양 수분의 건조 및 과습을 주의 깊게 살피며 관수를 조절했으며, 결구 후기에는 온도가 너무 높지 않도록 관리했다. 무름병, 진딧물의 사전 예방과 방제를 위해 6회 정도 농약을 살포했다.

수확기 판단은 손으로 결구를 눌러보아 단단하다고 느껴지면 수확했다. 선별할 때에는 구의 형태가 바르고 병해충의 피해가 없으며 색택이 좋은 것 중 700g 이상인 포기만 했다.

포장은 8kg 박스에 12포기가 들어가게 해서 작목반의 명칭, 출하자, 품종 및 등급 상·중·하를 표기해 농협물류센터에 계통출하를 했다.

생산성은 8kg×600박스=4,800kg/10a였으며 9,900㎡를 2기작 재배해 96톤을 생산했다. 따라서 조수익은 200만 원/10a×2기작=400만 원이었으며 주로 자가노력만으로 가능했고 고용노력비가 절감되어 전체 경영비도 줄일 수 있었다.

전라남도

가. 김상식 씨 농가

담양군 수북면 황금리에 거주하며 상추 재배 경력은 약 9년으로 다소 짧지만 새로운 것에 도전하고 새로운 것을 받아들이려고 하는 열정적인 젊은 농업인이다. 재배 작목은 상추 외에 고추, 깻잎 등 쌈 채소류가 주를 이루고 있으며 1만 800평의 비교적 대규모의 경지 면적을 경작하고 있다. 윤작과 친환경 농자재를 이용한 유기 상추를 주년 생산하는 친환경 농업 실천 선도 농가이다.

재배 농가의 친환경 농업 경력을 살펴보면 생채로 섭취하는 상추, 고추, 깻잎 등 쌈 채소류에서 유기농산물 인증을 획득했고(국립농산물품질관리원 담양출장소)

플라스틱 하우스 시설에서 재배하고 있다. 친환경 농산물 출하량은 120톤으로 4년째 친환경 농업을 이어가고 있다.

이 농가는 시설 재배지 내의 연작에 의한 염류 집적과 기지 현상 등의 문제점을 해결하기 위해 윤작 작부체계를 선택하고 있다.

봄 작형에는 상추를 3월 상순에 파종해 4월 상순에 정식하고 5월 중순에서 7월 상순까지 수확을 완료한다. 고추는 2월 중순에 파종해 5월 상순에 정식하고 6월 중순에서 9월 중순까지 수확을 완료한다.

가을 작형에는 깻잎을 4월 상순에 파종해 6월 상순에서 하순까지 수확을 완료한다. 케일은 7월 중순에 파종해 8월 상순에 정식하고 9월 하순에서 12월 하순까지 수확을 완료하며 동일 하우스에서 쌈 채소를 연중 3회 입식해 출하하고 주년 생산을 하고 있다.

일반적 관리로는 종자를 직접 구입해서 자가 육묘해 사용하고 있으며 육묘 기간은 여름철에 15일, 겨울철에는 20일로 하고 있으며 육묘 후 정식 단계에서 재식 거리는 90cm, 두둑에 20cm 간격으로 2열 재배를 하고 있다. 플라스틱 하우스 시설에는 투자비를 저렴하게 하기 위해 32cm Ø 파이프를 이용하며 무가온 삼중막시설을 사용하고 있다.

친환경 재배를 위한 토양 관리로 자가 제조 퇴비와 참숯, 맥반석 등을 활용하고 있고 사용량은 10a당 퇴비 2,000kg, 참숯 200kg, 맥반석 300kg으로 작기가 끝날 때마다 시용한다.

〈표 8-12〉 자가 퇴비의 화학 성분과 유기물 함량 (단위 : %)

처리	T-N	P2O5	K₂O	염분	유기물
톱밥 퇴비	2.59	8.89	3.14	0.09	48.8
주성분 최소량*	유기물25	-	-	-	-

* 일반 퇴비 주성분 최소량 : 유기물 함량 25% 이상, C/N 40 이하

생력효소를 조제해서 사용하고 있는데 생력효소 활용(100평 기준) 내용을 살펴보면 계분 또는 돈분 0.7톤, 톱밥 0.4톤, 균강 100kg(물 35L +엔자임골드 2봉+쌀겨 100kg), 깻묵 40kg, 생석회 40kg, 제오라이트 40kg, 맥반석 40kg, 어분 20kg을 하우스 토양에 넣고 로터리 후 토양 수분을 75~90%로 유지해주는 게 중요하다.

〈표 8-13〉 자가 퇴비의 미량원소 함량　　　　　　　　　　　　　　　　　　　　(단위 : mg/kg)

구분	Cd	Cu	Pb	As	Zn	Cr	Ni	B	Mo
톱밥 퇴비	1.00	246.3	20.5	11.4	362.5	16.2	6.99	35.0	19.8
유해 성분 최대량*	5	300	150	50	900	300	50	-	-

* 일반 퇴비에 함유될 수 있는 유해 성분 최대량(mg/kg)

동일 하우스에서 쌈 채소를 연중 3회 입식해 출하하고 있으며 산흙을 이용해 객
토를 했으며 흙속에는 지렁이가 일부 존재한다.
토양 소독은 작기가 끝나면 하우스를 밀봉하고 담수해 제염 및 태양열 소독을 실
시하고 있다.

〈표 8-14〉 시험 재배지의 토양 화학성

구분	pH (1:5)	E.C (ds/m)	Av.P₂O₅ (mg/kg)	C.E.C (cmol+/kg)	Ex. cation (cmol+/kg)		
					K	Ca	Mg
쌈채	6.09	2.8	808	15.4	2.47	7.76	2.99
신선초	6.95	0.7	1125	13.8	1.57	7.77	3.35
고추	6.50	4.3	1780	17.0	3.55	8.25	4.57

양분 관리는 액비를 이용하고 있고 종류에는 청초액비, 골분액비, 깻묵, 혈분액
비, 생선아미노산 등이 있다. 이 중 가장 많이 사용되는 청초액비는 깻묵, 보리뜸
씨, 어린순, 설탕, 생수 120L를 넣고 1일 1회 매일 저어주면 하절기에는 7일, 동
절기에는 20일 정도 발효시켜서 사용한다.

〈표 8-15〉 자가 제조액비의 다량원소와 미량원소 함량

구분	다량 원소(%)						미량원소(mg/kg)					
	T-N	P₂O₅	K₂O	CaO	MgO	Na₂O	CU	Zn	B	Fe	Mn	Mo
액비	0.14	0.11	0.44	0.02	0.003	0.002	0.02	1.30	0.45	8.66	2.19	0.24

화학 비료는 사용하지 않고 기능성 물질로는 셀레늄, 프리그로, 알긴산 등을 사용
한다. 표토 및 잡초 관리는 흑색 비닐 피복과 손잡초를 이용하고 있다. 병해충 관리
를 살펴보면 주요 발생 병해충은 탄저병과 진딧물, 톡톡히, 응애 등이 있다. 해충
방제를 위해 성페로몬을 이용한 깔때기트랩, 델타트랩, 페로몬, 끈끈이 블랙홀 등

을 사용하고 있다. 그린음악 시스템을 설치해서 새로운 방법을 시도하기도 했다. 유기농협회에서 인정한 응삼이, 진삼이, 달가스 등의 친환경 약제 및 제충국추출물, 은행잎엑기스를 이용해 살충제로 사용하고 있으나 살충률은 금후 검토가 요구된다.

품질, 유통 및 판매 관리 면에서 살펴보면 손수 손으로 선별 포장해 정밀한 품질 관리를 하고 있으며 저온 저장고를 사용해 예냉 처리를 함으로써 저장성을 높이고 있다. 주요 출하처는 수도권으로는 서울 유기농협회를 비롯해 전남 근교로는 광주텃밭, 백화점, 마트, 식당, 소비자 직거래 등 연중 계약에 의한 계획 출하를 하고 있다.

나. 임선호 씨 농가

장성군 동화면 송계리에 거주하며 경지 면적은 4,150평으로 You-氣 농장을 운영하고 있다. 재배 작물로는 상추, 깻잎, 치커리, 딸기, 부추 등 모둠 쌈 채소류가 주를 이루고 있고 이 중 상추의 입체식 수경 재배는 650평(0.6ha)에서 이루어지고 있다. 2006년 8월 18일 무농약 단계 친환경농산물인증을 받아 친환경 재배를 실천하고 있는 농가이다. 2006년도 농업경영표준 진단 결과 연간 시설상추 생산량은 650평 재배 면적으로 약 3,600kg이고, 상추의 조수입 소득은 3억 6,000만 원 정도이다.

이 농가가 상추 생산을 위해 선택하고 있는 입체식 수경 재배 기술 및 경영기법은 파종 전에 종자, 기기, 비료 등 기자재 점검 및 보수를 하며 활성탄, 피트모스, 펄라이트, 한약 찌꺼기를 이용해 배지를 만든다.

주요 재배 품종인 참참이와 결구상추 종자를 벼 육묘 상자에 원예용 상토를 채우고 줄뿌림 파종 후 20~25일의 육묘 기간 동안 관리는 일반 육묘에 준해 이루어진다. 본엽 5~6장이 되면 기기 틀에 아주심기를 하면 된다. 유기배지, 미생물, 남조류 등이 처리된 배양액은 양액의 미량요소를 보충하는 효과가 있어 일반 토양이 아닌 제한적인 기기 틀 내에서 생육을 양호하게 한다. 생육 기간 동안 환경 관리는 18~25℃의 적온 및 적습을 유지해주어야 한다.

단경기 생산량을 증대시키기 위해서는 여름철 고온기에 차광망을 이용하고 철저한 환기로 감온 관리를 해야 한다. 바닥에는 은박지를 깔아 아래쪽 광을 보충해준다. 정식 후 20일부터 수확이 가능하며 수확물의 판매와 함께 용기 판매를 함으로써 수입을 올리고 있다. 용기 판매는 딜러를 활용하고 1포기당 1,000원, 재배용 상토 1,000원(회수 조건 시 100원), 용기걸이 1세트당 1만~3만 원으로 아파트단지 내 판매를 하고 있다.

친환경 입체식 수경 재배는 평면 재배에 비해 5~8배의 재식 밀도로 단위 면적당 생산량이 높고 입체 이동형 재배시설로 작업자가 이동하지 않고 작물이 작업자에게로 이동하게 함으로써 수확 및 농작업이 편리하다는 장점이 있다. 초기 투자 비용이 많이 들지만 제한적인 면적에서 5~8배의 재식 밀도로 재배가 가능하고, 식물체가 지면으로부터 30~40cm 이상 격리되어 공중에 떠 있어서 공기가 정체되지 않고 식물체 전체에 고르게 이동함으로써 기공을 통한 이산화탄소 및 산소의 교환이 원활해 식물체가 건강하게 자랄 수 있는 친환경 재배에 적합하다는 장점을 가지고 있다. 특히 개별 용기가 상하로 연결되어 있어서 관수량을 최소화할 수 있고, 농업용수를 절약할 수 있으며, 충진된 토양의 양이 작아도 뿌리가 필요한 토양을 충분히 확보할 수 있어서 자원 절약도 가능하다. 퇴비로는 한약재 사용 후 처리되는 부산물을 미생물을 이용해서 부숙시킨 후 사용하고 자가 발효액비를 줌으로써 보다 맛있고 건강한 쌈 채소를 생산하고 있다. 특히 알루미늄 반사 시트를 피복해 쌈용 상추의 꽃대가 발생하는 문제점을 해결했다. 이로써 위쪽과 아래쪽의 생육이 균일하고 입체식 재배 시스템으로 자연학습 및 조경용으로도 활용이 가능하며 농산물 생산 및 관광산업화 용도로 활용할 수 있게 되었다.

경영 관리 면을 살펴보면 유통 및 가격 정보를 파악하고 농정 및 기술 정보를 수집, 활용하며 기상 정보를 파악하거나 인터넷을 농업경영에 적극 활용하고 있다. 거래처나 고객 관리, 농장과 농산물을 소비자에게 알리는 일도 게을리 하지 않고 있으며 농업경영 관련자들과도 꾸준히 유대관계를 갖고 있다.

주요 판매처는 전자상거래를 통한 소비자 직거래가 90%를 차지하며, 그 외에 도매 시장이나 공판장에 내고 있다. 생산물의 품질별 매출 실적을 보면 특상품이 20%, 상이 60%, 중이 20%를 차지하고 있다.

경영 전략으로는 상추 베란다 판매로 신선한 상추를 공급하고 실내 조경 및 체험학습 효과와 함께 소비자 신뢰성을 확보하는 데 있다. 품질 등급별 수확량이나 판매단가와 총매출액, 우리농장 소득액, 주요 비목별 비용, 경영 계획과 반성을 구체적인 수치와 경영 실적을 비교하고 경영 개선에 반영하고 있다.

재배 농가의 우수 요인을 살펴보면 상추 아파트를 발명해 웰빙 시대를 맞이해서 무농약, 친환경 문화의 소비자 욕구를 충족시키고 최첨단 텃밭 가꾸기 사업으로서 생산비 절감, 가격 경쟁력 및 부가 가치를 향상시켰다.

기술 집약적 친환경 농법으로 무농약 기능성 엽채류의 생산, 첨단 장비를 이용한 기술집약적 친환경 재배 실천, 무기·유기 영양분을 적절히 혼합해 친환경적 고품질 엽채류 생산, 야채 재배용 용기의 적층 공간 활용 최대화, 시설 하우스의 연작 장해 극복 및 자동 복합제어 시스템에 의한 관리를 최첨단화해 생산성 증대와 무농약·기능성 채소를 생산하는 친환경 영농 실천으로 면적 대비 10배 이상의 생산량을 증가시키는 장점을 가지고 있다.

향후 계획으로는 시설 하우스 450평을 증설해서 최고의 상품을 개발, 생산해 소비자에게 보급하고자 하며, 많은 연구와 실험을 통한 상품의 질 향상과 소비자의 욕구 충족인 맛을 비롯한 관능적인 만족을 위해 연구, 노력하고 있다. 1차 산업인 농업을 2차, 3차 산업과 접목하려는 노력을 하고 있으며 농업의 규모화로 생산성 향상과 유통구조를 개선해 생산자가 원가개념에 의해 가격을 결정하도록 하는 등 판매 영업 측면에서도 많은 연구를 하고 있다.

(그림 8-36) 상추 베란다 재배 상표 등록(왼쪽) 및 각종 전시회에 전시(오른쪽)

전라북도

가. 김병귀 씨 농가

천지원 농장(대표 김병귀)은 26ha(시설 13ha, 노지 13ha)의 면적에서 쌈 채소류를 생산해 호남 지역의 롯데마트, 농협 하나로마트 등 대형 유통업체에 출하하고, 철저한 위생 관리를 통한 채소류로 학교급식 사업을 실시하고 있다. 유기농업을 통한 농업인이 되고자 했던 것은 1990년, 4년여 동안의 원양어선 생활을 마치고 고향으로 돌아왔을 때였다. 고혈압과 각종 질병으로 고통받았을 때 좋다는 약은 다 먹어 보았으나 별 효과를 보지 못했는데, 우연히 알게 된 자연식을 통한 자연건강법으로 기적과 같이 효과를 보게 되었고, 그때의 깨달음으로 모든 사람에게 유익을 줄 수 있는 유기농산물을 생산해보아야겠다고 결심하고 귀농을 하게 되었다. 처음 5년여 동안은 농사에 대한 지식과 경험 부족으로 많은 실패와 재정난에 처하기도 했다. 그러나 당시의 힘들었던 상황은 농사에 대한 막대한 학습비를 지불한 것이라고 생각하고 실패를 통한 기술 습득을 발판으로 다시 한번 제2의 시작을 해 보아야겠다는 결심을 하게 되었다.

김병기 씨는 상추를 재배하고자 한다면 많은 생각을 해야하는데 그 중 품종 선택에서 몇 가지 고려해야 한다고 한다.

① 먼저 용도를 생각해 포기상추로 할 것인지, 치마상추로 할 것인지를 판단한다.
② 계절에 따라 겨울 재배용인지, 혹서기를 고려해 추대가 안정된 여름 재배용인지를 판단한다.
③ 쌈용으로 할 것인지, 샐러드용으로 할 것인지를 판단한다.
④ 당도와 아삭한 정도, 기호도 등에 따라 어떤 품종을 선택할지를 판단한다.

그 후 비닐하우스 등 시설 안에서 재배할 것인지, 노지에서 재배할 것인지도 판단해야 한다. 근래 20~30년 동안에 비닐하우스 재배가 확산되면서 상추 등의 엽채류는 비닐하우스 안에서만 재배해야 되는 것처럼 많은 사람에게 고정관념이 형성되어 있는 것 같다. 그러나 혹한기, 혹서기와 장마철 등 기상과 기온의 특별한 문제만 발생하지 않는다면 노지를 활용해 재배하는 것도 좋은 방법이다.

상추를 재배해 시장에 출하를 하다 보면 1년 열두 달 쉬지 않고 꾸준히 출하하는 것이 좋은 마케팅 수단이 된다. 좋은 상품을 지속적으로 공급하는 능력을 발휘하려면 많은 투자를 통해 시설 하우스를 지어야 한다. 겨울 재배를 하다 보면 전체 면적에서 거의 동시에 추대가 일어나 출하가 중단되는 사례가 발생하기도 한다. 이 경우 봄을 맞아 미리 육묘를 해두었다가 4월 초순경 노지에서 재배함으로써 시설에 비해 서늘한 온도에서 맛과 색택 등 품질 관리에 좋은 영향을 주어 시장 출하를 계속할 수가 있다.

한편 계절에 따른 관리로 혹서기를 제외한 기간에는 잡초 발생으로 인한 어려움을 극복하기 위해 전후좌우 20~22cm 정도의 간격으로 구멍을 뚫은 흑색의 멀칭비닐을 사용하도록 한다. 양분 소실로 인한 수확량 감소도 막을 수 있고 잡초가 자라지 못하도록 해 인력도 줄일 수 있다.

유기농업이라고 하는 것은 화학합성 농약이나 화학 비료 등을 사용하지 않고 자연에서 나온 유기질 재료만을 활용해 농사짓는 방법을 말한다. 그러나 여기서 말하는 유기질 재료를 활용하다 보면 고가의 유기 자재를 사용하게 되기도 하겠지만 주변에서 쉽게 구할 수 있는 축산 분뇨나 목재 부스러기 등을 활용하게 되어 자칫 완전 발효된 상태가 아니어서 부패, 분해된 형태의 퇴비를 사용할 수 있다. 전작기에 남은 상추대 등 잔재물이 토양병, 곰팡이성병, 충해 등을 유발하기도 한다. 이렇게 되면 경제적으로도 큰 손실이지만, 건강을 생각하며 먹게 되는 유기농산물이란 것이 우선 양질의 토양에서 많은 양분을 먹고 충실히 자란 채소와 과일만이 가치를 인정받게 되는데, 이런 부분을 간과하고 그냥 지나치다 보면 질 낮은 상추가 생산될 수밖에 없다. 토양을 깨끗하게 보존한다고 유기질 자재를 소량만 넣는다면 수확량이 형편없이 떨어지게 되어 낭패를 볼 수 있다. 따라서 토양 속에 유익한 미생물균을 충분히 확보하고 유기물 함량을 적당히 확보하기 위해 공급하는 유기질 퇴비 공급에도 많은 노력을 기울여야 한다. 태양열을 이용해서 생구비와 톱밥, 왕겨, 광물질, 효소제 등을 투입하고 적절한 수분과 온도를 맞추어 주면 미생물의 활동 등에 힘입어 시설 내에는 40~60℃의 지온을 형성하게 된다. 이렇게 긴 시간의 고온을 유지하게 되는데, 이러한 효과로 엄청난 양의 유익균 증식 및 소독, 토양 개량, 잡초의 풀씨가 사멸하는 등 이루 말할 수 없는 유익성이 형성된다.

전작기에 남은 상추대 등은 그대로 두고 시설 하우스 200평을 기준으로 적정량의 유기질 퇴비를 살포한다. 검증된 미생물 균강 100kg을 뿌린 후 쟁기질이나 로터리 작업을 하고 두둑을 상추 재배에 맞게 성형한 후 준비된 0.05mm 정도 두께의 투명 일반 비닐을 시설 내 양쪽 가장자리 쪽 고랑에 끌어다 놓는다. 다음으로 스프링클러나 분수호스를 이용해 충분한 양의 물을 뿌려준 후 이미 준비해두었던 투명 비닐을 전 면적에 덮어 준 다음, 시설 하우스 전체를 빈틈없이 완전히 밀폐한다. 이 상태로 7~10일 경과한 후 하우스를 열고 덮어 두었던 투명 비닐을 제거해 두둑 부분을 보면 서리가 내린 것처럼 흰 곰팡이 등 유효 미생물 균주가 엄청나게 전 면적을 장식하고 있는 것을 발견하게 된다. 냄새를 맡아 보아도 깨끗한 숲속의 토양 표토층과 같은 향긋함이 감돈다. 덮었던 비닐을 제거한 후 여름 작기에는 재식 거리에 맞추어 준비해 둔 모종을 바로 정식하고 그 밖의 계절에는 흑색 멀칭을 한 후 그대로 정식하면 된다. 연작의 피해가 심한 토양이나 각종 세균병, 유해균의 번식이 염려될 때와 여름철 고온기 잡초 발생이 걱정될 때에는 이상 강조한 태양열 처리법을 활용하면 뛰어난 효과에 감탄하게 될 것이다. 토양 속에 유익한 미생물을 확보하기 위한 방법으로는 6~7월 중에 실시하면 좋으나 멀칭 재배 시에도 매 작기마다 실천한다면 그에 맞게 충분한 풍년 농사로 보답받을 수 있을 것이다.

유기농업을 실천하지 않는 관행 재배법이라도 이 방법을 실천해 보면 인건비 절감과 염류 집적을 지력 증진으로 바꿀 수 있고 연작 장해도 해결하는 농사 기술이 될 것이다. 이는 상추가 양호한 상태로 성장해 추대가 늦게 되어 몇 차례 수확 시기를 늦출 수 있으며 당도가 높고 맛과 향이 뛰어난 최상품의 상추를 수확할 수 있다. 수확 시기가 되면 보통 여성의 손바닥 크기가 되었을 때 균일한 크기로 수확하며 다리미로 다린 것처럼 예쁘고 깨끗하게 포개어 포장을 하면 된다. 예전에는 4kg 포장이 보편적이었으나 근래에는 2kg 포장이 늘어나는 추세이다.

한 포기당 2~3장 수확이 균일한 크기의 상추를 수확하는 것으로 가장 적합한데, 엽수가 많으면 상추가 너무 커서 볼품이 없고 한두 잎을 따기에는 인력도 많이 들며 수량이 늘지 않아 지루하고 힘이 든다.

◎ 깻묵 발효액 제조
모종을 정식한 직후의 빠른 활착과 성장을 기대할 텐데 오랫동안 수확을 하다 보면 양분이 소진되어 색택이나 맛, 성장력이 떨어지는 때가 있을 수 있다. 이에 대비해 깻묵 발효 액비를 만들어 두었다가 활용하면 좋다.

준비물 : 600~800L의 물통 1개(흔히 농가에서 농약 통으로 사용되는 플라스틱 통), 깻묵 10kg, 쌀겨 30kg, 발효 처리된 시중 판매 유박퇴비 20kg 3포(60kg), 흑설탕 10kg, 시중 판매되는 효소제 2봉, 물(수돗물을 제외한 일반 지하수), 쌀 마대 5개, 삽

깻묵은 하루 정도 물에 불려두었다가 쌀겨와 유박퇴비, 흑설탕, 효소제 등을 시멘트 혼합하듯이 잘 섞어서 수분이 60% 정도 되도록(주먹으로 꽉 쥐었을 때 물이 한두 방울 떨어질 정도) 만든다. 준비된 쌀 마대에 나누어 담은 뒤 비닐하우스 한쪽 구석이나 햇빛이 잘 드는 따뜻한 곳에 쌓아 투명 비닐로 덮어 두고 겨울철에는 개월, 여름철에는 1개월 경과 후 마대째 물통에 넣은 후 오다가다 막대기로 흔들어 주면 간장물이 우러나듯 효소액이 만들어진다. 물통에서 우려내는 기간은 1~2개월 정도 경과 후 사용하면 된다. 이렇게 만들어진 액비는 새로이 정식하고 1~2회 정도 관주한 후 비절 현상이 왔을 때에는 5~7일 간격으로 스프링클러를 통해 물과 함께 관주식으로 뿌려 주며 뿌리 부분에 흠뻑 흘러내리도록 한다. 이때 주의할 점은 잎에서 냄새가 나지 않도록 충분히 물을 뿌려 주면 된다. 잘 만들어진 깻묵 발효액은 사람에게 있어서 기력이 떨어졌을 때 보약 1첩을 먹는 것과 같은 좋은 영양제처럼, 활기 있는 생육과 잎의 색상을 보다 선명하게 해주며 왁스층이 강화되어 방충 효과(진딧물 등)에도 좋고, 작물 뿌리 부분에서 세근의 활력이 왕성해지며 생육 후기의 상추 재배에 큰 효과가 있어서 속성 재배와 무농약으로 친환경 재배를 할 수 있다.

제주특별자치도

제주 지역 상추 재배는 25ha에 80여 농가이며 주로 시설을 이용한 잎상추를 많이 재배하고 있다. 제주지역은 섬이라는 지리적 여건상 신선도를 유지해야 하는 채소는 항공으로 운송이 이루어지므로 물류 비용이 많이 소요되어 상추의 경우 대부분 제주도 내에서 소비된다.

가. 조대현 씨 농가

제주에서 대표적인 상추 재배지는 제주시 삼양동에 위치해 있으며 10여 명이 상추 작목반을 형성해 출하하고 있다. 상추 재배 농업인 조대현 씨는 삼양상추작목반의 일원으로 고품질 상추 생산을 위해 노력하는 부지런한 농업인이다. 농업을 시작한 것은 20여 년 전으로 외항선을 타다 귀농해 처음에는 딸기를 재배했는데 소득이 일정치 않아 농업을 포기하려고 했다가 상추로 작목 전환을 하고 난 후 지금까지 10여 년간 계속 상추를 재배하고 있다. 현재 1,000평의 하우스에서 상추를 연중 생산하고 있으며 평당 6만 원 정도의 조수익을 올리고 있다.

예전에는 제주송이(화산석, Scoria) 배지를 이용한 수경 재배도 했고 토양 재배로 1년 4기작 재배를 하기도 했지만 염류 집적이라든지 연작 장해 발생이 많아 현재는 토양 병해충 발생을 막기 위해 태양열 소독을 하고 있다. 상추 재배가 끝나면 퇴비를 넣어 토양 경운을 하고 상추 정식 준비를 한 다음 하우스를 완전히 밀봉하고 20일 이상 뜨거운 햇빛을 이용해 토양 소독을 한다. 태양열 소독을 시작한 이후부터 연 4회 재배하던 상추 재배 횟수를 약 2.5회로 줄여 출하하기가 짧아지기는 했지만 연작 장해가 현저하게 줄어 건강한 상추를 생산할 수 있게 되었다.

최근에는 친환경 자재를 이용한 재배를 시도하고 있다. 미생물 발효기를 이용해 직접 아미노산 액비를 만들어 시용해서 뿌리 활력을 촉진시키고 있으며, 상추에 적용하기는 다소 어렵긴 하지만 천적을 이용한 진딧물 방제도 시도하고 있다. 지난해부터는 난황유를 이용해 병해를 방제하고 있는데 병해 방제는 물론 상추의 색택이 좋아지는 효과도 있다고 했다. 하우스 온도가 높아지기 시작하는 계절이 되면 상추에 잎굴파리 발생이 많아져 현재까지는 무농약으로 재배할 수 없었지만 농약 사용 기준을 꼭 지켜 안전한 먹거리 생산에 노력하고 있고 친환경인증 준비도 하고 있다.

하우스 입구에 저온 저장시설을 해 수확 후 바로 예냉을 함으로써 상추의 신선도를 높이고 있으며 저온 저장고는 두 개로 나누어 제어시스템을 완전히 분리해서 온도 조절을 자유롭게 하고 있다. 상추를 싱싱하게 보관하기 위해 작은 구멍이 뚫린 PE 비닐을 속포장재로 이용하고 있다. 작목반에서는 특별히 제작한 상추 박스를 사용해 출하함으로써 브랜드 이미지를 높이고 있는데, 흰색 박스에 제주도 사투리로 푸른 풀을 뜻하는 '청촐'이란 초록색 글씨가 선명하게 쓰여 있다. 하우스 온도가 높아지고 햇볕이 뜨거우면 상추가 빨리 시들기 때문에 되도록 아침 일찍 수확해 오전 중에 작업을 끝마치고 예냉 처리를 해두었다가 제주시농협공판장에 출하한다. 예전에는 소형마트나 식당 등 직거래를 했으나 몇 년 전 공판장이 개장하면서 제주 지역 상추는 대부분 이곳에서 거래가 되고 있다.

조대현 씨는 하우스 시설의 개선 사항에 대해 고민하는 편이다. 제주도는 태풍 등 바람이 많은 곳이다. 이 때문에 비닐하우스 파손 방지를 위해 하우스를 다른 지역보다 튼튼하게 설치해야 한다. 이곳의 하우스는 주춧돌 없이 땅속에 파이프를 박고 하우스 기둥 파이프를 연결해 설치함으로써 강풍에도 하우스를 튼튼히 유지할 수 있도록 했고 주춧돌이 없기 때문에 토양 경운 시 작업이 편리해졌다. 측창을 이중으로 설치해서 여름철 하우스 내의 온도를 효과적으로 떨어뜨릴 수 있도록 했다. 이외에도 하우스 비닐이 바람이 강하게 불어도 찢어지지 않게 하기 위해서 반쪽으로 절개해 사용하는 등 항상 개선하려는 노력을 기울이고 있다. 농사는 부지런하면 할 만하다고 하면서 특히 상추 농사는 한 장 한 장 손으로 수확을 해야 하기 때문에 이른 새벽부터 나와 일을 시작하지만 노력한 만큼 수익이 된다고 생각하고 노력하는 사람만이 대가를 얻을 수 있다고 이야기한다.

(그림 8-37) 상추 출하 박스

(그림 8-38) 청치마상추의 재배 전경

1절　농업인 업무상 재해의 개념과 발생 현황

　　농업인도 산업근로자와 마찬가지로 열악한 농업노동환경에서 장기간 작업할 경우 질병과 사고를 겪을 수 있다. 산업안전보건법에 따르면, 업무상 재해는 근로자가 업무에 관계되는 건설물, 설비, 원재료, 가스, 증기, 분진 등에 의하거나 작업 또는 그 밖의 업무로 인하여 사망 또는 부상 혹은 질병에 걸리는 것을 일컫는다. 농업인의 업무상 재해는 농업노동환경에서 마주치는 인간공학적 위험요인, 분진, 가스, 진동, 소음 및 농기자재 사용으로 인한 부상, 질병, 사망 등을 일컬으며 작업준비, 작업 중, 이동 등 농업활동과 관련되어 발생하는 인적재해를 말한다.

　　2004년 시행된 「농림어업인의 삶의 질 향상 및 농산어촌 지역개발 촉진에 관한 특별법」에서 농업인 업무상 재해의 개념이 처음 도입되었으며, 2016년 1월부터 시행된 「농어업인 안전보험 및 안전재해 예방에 관한 법률」에서는 농업활동과 관련하여 발생한 인적재해를 농업인 안전재해라고 정의하며 이를 관리하기 위한 보험과 예방사업을 명시하였다.

　　국제노동기구 분류에 따르면, 농업은 전 세계적으로 건설업, 광업과 함께 가장 위험한 업종 중 하나다. 우리나라 역시 산업재해보상보험 가입 사업장을 기준으로 전체 산업 근로자와 비교하면, 농업인 재해율이 2배 이상 높은 것으로 나타났다(그림1).

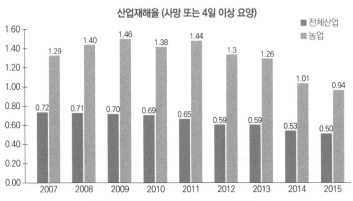

(그림 1) 전체산업대비 농업 부문 산업재해율

그러나 여성, 고령자, 소규모 사업장일수록 산업재해가 빈번하게 발생하는 경향을 고려해 볼 때 산재보상보험에 가입하지 못한 소규모 자영 농업인(농업인구의 약 98%)의 재해율은 산재보상보험에 가입된 농산업 근로자의 재해율보다 높을 것으로 추정된다.

농촌진흥청에서 2009년부터 실시하고 있는 '농업인의 업무상 질병 및 손상 조사(국가승인통계 143003호)'에 따르면 농업인의 업무상 질병 유병률은 5% 내외이며, 이 중 70~80%는 근골격계 질환으로 농업환경의 인간공학적 위험요인 개선이 시급한 것으로 나타났다. 업무상 손상은 3% 내외이며 미끄러지거나 넘어지는 전도사고가 30~40%로 전도 사고를 예방하기 위한 조치가 필요한 것으로 나타났으며 이 외의 농업인 중대 사고로는 생강굴 질식사, 양돈 분뇨장의 가스 질식사, 고온작업으로 인한 열중증으로 인한 사망사고 등이 있다. 이러한 현황을 고려해 볼 때 농업인의 업무상 재해예방과 보상, 재활 등 국가관리체계 구축 및 농업인의 안전보건관리에 대한 적극적인 참여가 시급하다.

더욱이 업무상 손상이 발생하게 되면 약 30일 이상 일을 못 한다고 응답하는 농업인이 40% 이상이며[1] 심한 경우 농업활동으로 하지 못하는 경우도 발생한다. 점차 고령화되어 가고 있는 농업노동력의 특성을 고려할 때, 건강한 농업노동력의 유지를 위해 안전한 농업노동환경을 조성하고 작업환경을 개선하기 위한 농업인 산재예방 관리는 매우 중요하다. 이를 위하여 정부, 전문가, 관련 단체, 농업인의 협력 및 자발적인 참여가 절실하다.

2절 농업환경 유해요인의 종류와 건강에 미치는 영향

농작업자는 각 작목특성에 따라 재배지 관리, 병해충방제, 생육관리, 수확 및 선별 등의 작업을 수행하면서 농업노동환경의 다양한 건강 유해요인에 노출된다. 노동시간 면에서도 연간 균일한 노동력을 투여하는 것이 아니라, 작목별 농번기와 농한기에 따라 특정 기간 동안에 일의 부담이 집중되는 특성이 있다. 또한 농업인력 고령화와 노동 인력 부족은 농기계, 농약 등

1) 농업인 업무상 손상조사, 2013

농기자재의 사용을 증가시키고 있어 농업노동의 유해요인은 더 다양해 지고 있으며, 아차사고가 중대 재해로 이어지는 경우도 늘어나고 있다.

특히, 관행적 농업활동에 익숙했던 농업인들이 노동환경 변화에 적응하고자 무리한 작업을 하게 되고, 이에 따라 작업자 건강에 영향을 미치는 유해요인에 빈번하게 노출되고 있다. 더욱이 새 위험요소에는 정보나 안전교육이 미흡하여 농업인 업무상 재해의 발생 가능성은 커지고 있다.

농촌진흥청이 연구를 통하여 보고하거나 국내외 문헌 등에서 공통으로 확인되는 농업노동환경의 주요 유해요인으로는 근골격계 질환을 발생시키는 인간공학적 위험요소, 농약, 분진, 미생물, 온열, 유해가스, 소음, 진동 등이 있다(표 1, 그림 2).

표 1 작목별 농업노동 유해요인과 관련된 농업인 업무상 재해

작목 대분류	유해요인 (관련 농업인 업무상 재해)
수도작	농기계 협착 등 안전사고(신체손상), 곡물 분진(천식, 농부폐증 등), 소음/진동(난청)
과수	인간공학적 위험요소(근골격계 질환), 농약(농약 중독), 농기계 전복, 추락 등 안전사고(신체손상), 소음/진동(난청)
과채, 화훼 (노지)	인간공학적 위험요소(근골격계 질환), 농약(농약 중독), 농기계 전복 안전사고(신체손상), 자외선 (피부질환), 온열(열사병 등), 소음/진동(난청) 등
과채, 화훼 (시설 하우스)	인간공학적 위험요소(근골격계 질환), 농약(농약 중독), 트랙터 배기가스 (일산화탄소 중독 등), 온열 (열사병 등), 유기분진(천식 등), 소음/진동(난청)
축산	가스 중독 (질식사고 등), 가축과의 충돌, 추락 등 안전사고(신체손상), 동물매개 감염(인수공통 감염병), 유기분진(천식, 농부폐증 등)
기타	버섯 포자(천식 등), 담배(니코틴 중독), 생강저장굴(산소 결핍, 질식사 등)

(그림 2) 유해요인 발생 작업 사례

농업인 업무상 재해의 작목별 특성을 보면 인간공학적 요인은 모든 작목에 공통적인 문제이며, 특히 하우스 시설 작목과 과수 작목의 위험성이 상대적으로 높다. 농약의 경우 과수 및 화훼 작목이 벼농사 및 노지보다 상대적으로 위험성이 높은 것으로 보고되었다. 미생물의 경우 축산농가와 비닐하우스 내 작업에서 대부분 노출 기준을 초과하는 위험한 수준이었으며, 온열 및 유해가스의 경우도 하우스 시설과 같이 밀폐된 공간에서 문제가 되었다. 소음 및 진동은 트랙터, 방제기, 예초기 등 농기계를 사용하는 작업에서 노출 위험이 보고되었다.

3절 농업인 업무상 재해의 관리와 예방

지속 가능한 농업과 농촌의 발전에 있어 건강한 농업인 육성과 안전한 노동환경 조성은 필수 불가결한 요소이다.

하지만 FTA 등 국제농업시장 개방에 따라 농업에 대한 직접적인 보조가 점차 제한되고 있다. 농업인 업무상 재해관리에 대한 정부의 지원은 농업인의 생산적 복지의 확대 즉, 사회보장의 확대 지원정책으로 매우 효과적이며 간접적인 지원 정책이 될 수 있다. 또한 농업인의 산업 재해 예방을 통한 농업인의 삶의 질 향상뿐 아니라, 건강한 노동력유지에 도움이 되므로 농업과 농촌의 지속 가능한 발전도 도모할 수 있다.

유럽에서는 지속 가능한 사회발전을 위해 농업인의 건강과 안전관리를 최우선 정책관리 대상으로 삼고 〈표 2〉와 같이 농업인의 산업재해 예방부터 감시, 보상, 재활연구 등의 사업을 국가가 주도적으로 연계하여 추진하고 있다.

농가소득 및 농업경쟁력 증진을 지원하는 정책이 주류를 이루어 왔던 우리나라는 최근에서야 농업인 업무상 재해 지원하고자 법적 기반을 마련하고 관리를 시작하는 단계이다.

우리 농업의 근간을 표현하는 농자천하지대본 (農者天下之大本)은 농업인이야 말로 국가가 가장 우선적으로 보호해야 할 대상임을 이야기한다. 농업인은 국민의 먹거리를 책임지는 생명창고 지킴이, 환경지킴이로써 지역의 균형발전에 기여하는 등 공익적 기능을 하고 있다. 근대의 산업 경제 부흥 시기의 농업은 산업 근로의 버팀목이 되었으나, 최근 확대되는 FTA 등 국제시장 개방으로 농가가 농업을 유지하기 어려운 상황이다. 그럼에도 농업·농촌이 공공적 기능과 역할을 하고 있으므로 농업과 농촌은 국가가 주도적으로 지켜나가고 농업인 건강과 안전도 정부 관리 책임 아래 농업인, 국민, 관련 전문가, 유관 기관, 단체 등이 적극적이며 자발적인 협력이 필요하다.

표 2 농업인 업무상 재해 관리영역 및 주요 내용

산업 재해 예방	유해요인 확인/ 평가	·물리적, 화학적, 인간공학적 유해요인 구명 ·유해요인 평가방법 및 기준 개발 ·지속적인 유해요인 노출 평가 및 안전관리
	유해환경	·농작업환경 및 작업 시스템 개선 ·개인보호구 및 작업 보조장비 개발 및 보급
	개선	·안전보건교육 시스템 구축 및 교육인력 양성 ·농업안전보건 교육내용, 교육매체 개발

산업 재해 감시	재해실태 조사	·지속적 재해 실태 파악 및 중대재해 원인조사 ·안전사고, 직업성 질환 감시 및 DB 구축 ·나홀로 작업자 안전사고 등 실시간 모니터링
	재해판정	·직업성질환 진단 및 재해 판정기준 개발 ·유해요인 특성별 특수 건강검진 항목 설정 ·직업성질환 전문 연구, 진단기관 지원
	역학연구	·농업인 건강특성 구명을 위한 장기역학 연구 ·급성 직업성 질환 및 사망사고 역학 연구
산업 재해 보상	재해보상	·안전사고 및 직업성질환 보상범위 수준 설정 ·산재대상 범위 설정 및 심의기구 등 마련
	치료/재활	·직업성 질환 원인에 따른 치료와 직업적 재활 연구 ·지역 농업인 치료·재활 센터 운영 및 지원 ·재활기구 보급 및 재활프로그램 개발
건강 관리	지역단위 건강관리	·농촌지역 주요 급·만성 질환 관리(거점병원) ·오지 등 농촌지역 순회 진료 및 건강교육 ·건강 관리시설 확대 및 운영 지원
	의료 접근성	·공공 보건 의료서비스 강화 ·지역거점 공공병원 및 응급의료 체계 구축

4절 농작업 안전관리 기본 점검 항목

다음은 앞서 서술한 다양한 농업인의 업무상 재해 (근골격계 질환, 농기계 사고, 천식, 농약중독 등)의 예방을 위해 농업현장에서 기본적으로 수행해야 하는 안전 관리 항목이다(표 3).

각 점검 항목별로 보다 자세한 내용이나, 작목별로 특이하게 발생하는 위험요인의 관리와 재해예방지침은 농업인 건강안전정보센터 (http://farmer.rda.go.kr)에서 확인할 수 있다.

표 3 **농작업 안전관리 기본 점검 항목과 예시 그림**

분류	농작업 안전관리 기본 점검 항목	
개인 보호구 착용 및 관리	농약을 다룰 때에는 마스크, 방제복, 고무장갑을 착용한다.	
	먼지가 발생하는 작업환경에서는 분진마스크를 착용한다. (면 마스크 사용 금지)	
	개인보호구를 별도로 안전한 장소에 보관한다.	
	야외 작업 시 자외선(햇빛) 노출을 최소화하기 위한 조치를 취한다.	
농기계 안전	경운기, 트랙터 등 보유한 운행 농기계에 반사판, 안전등, 경광등, 후사경을 부착한다.	
	동력기기 운행 시 응급사고에 대비하여 긴급 멈춤 방법을 확인하고 운전한다.	

분류	농작업 안전 관리 기본 점검 항목	
농기계 안전	음주 후 절대 농기계 운행을 하지 않는다.	
	농기계를 사용할 때는 옷이 농기계에 말려 들어가지 않도록 적절한 작업복을 입는다.	
	농기계는 수시로 정기점검하고 점검 기록을 유지한다.	
	수·전동공구는 지정된 안전한 장소에 보관한다.	
농약 및 유해요인 관리	잔여 농약 및 폐기 농약은 신속하고 안 전하게 보관·폐기한다.	
	농약은 잠금이 유지되는 농약 전용 보관함에 넣어 보관한다.	

분류	농작업 안전 관리 기본 점검 항목	
농업시설 관리	화재 위험이 있는 곳(배전반 등)에 소화기를 비치한다.	
	밀폐공간(저장고, 퇴비사 등)을 출입할 때에는 충분히 환기한다.	
	농작업장 및 시설에 적절한 조명시설을 설치한다.	
	사람이 다니는 작업 공간의 바닥을 평탄하게 유지하고 정리정돈한다.	
	출입문 등의 턱을 없애고, 계단 대신 경사로를 설치한다.	
인력 작업관리	중량물 운반 시 최대한 몸에 밀착시켜 무릎으로 들어 옮긴다.	

분류	농작업 안전 관리 기본 점검 항목	
인력 작업관리	농작업 후에 피로해소를 위한 운동을 한다.	
	작업장에 별도의 휴식공간을 마련한다.	
일반 안전관리	농업인 안전보험에 가입한다.	
	긴급 상황을 대비하여 응급연락체계를 유지한다.	
	비상 구급함을 작업장에 비치한다.	

누구나 재배할 수 있는 텃밭채소 상추

1판 1쇄 인쇄 2023년 05월 08일
1판 1쇄 발행 2023년 05월 15일
저   자 국립원예특작과학원
발 행 인 이범만
발 행 처 **21세기사** (제406-2004-00015호)
경기도 파주시 산남로 72-16 (10882)
Tel. 031-942-7861   Fax. 031-942-7864
E-mail : 21cbook@naver.com
Home-page : www.21cbook.co.kr
ISBN 979-11-6833-078-8

정가 20,000원